任性出版

YouTube 頻道訂閱人數超過 **20** 萬，分享超過 **200** 道食譜

Akarispmt's Kitchen——著

黃怡菁——譯

包丁もまな板もいらない 10 分弁当

不需要菜刀和切菜板的一個人美食

只要剪刀、削皮器加上動手撕，
10分鐘做出蛋白質、蔬菜兼具的便當，
擺盤美到你讓相機先吃。

CONTENTS

推薦序一　快速料理的小撇步，讓你不用菜刀和切菜板，
　　　　　10 分鐘就能上菜／蔡宛珍...................009

推薦序二　在忙碌的生活裡，找到屬於自己的美味幸福
　　　　　／雷議宗...................011

前言　我想吃好料，卻沒時間好好煮飯做菜...................015

10 分鐘便當技巧大揭密...................019

1 3 項廚具同步料理 3 道菜...................021

2 不用菜刀、切菜板，只要料理剪刀和削皮器...................023

3 減少不必要的動線...................024

4 三色豆是好幫手，配菜種類更多元...................025

5 軟管調味料，一隻手就夠用...................026

6 乾貨，我的提味武器...................027

7 好撒粉的瓶裝容器搭配塑膠袋，均勻裹粉不髒手...................028

切、削、撕，這樣處理食材更快速...................029

Part1
只要3樣廚具，
就能玩出8道菜

①平底鍋＋微波爐＋小烤箱
蛋白質滿滿的鱈寶豆腐漢堡排便當......040

②平底鍋＋微波爐＋小烤箱
口感滑順的蛋包飯便當......052

③平底鍋＋微波爐
就算冷掉也好吃的照燒雞肉便當......064

④平底鍋＋微波爐
無腥味的蔥油風味鮭魚便當......076

⑤微波爐＋小烤箱
胃口大開的塔可風味雞柳捲便當......088

⑥微波爐＋小烤箱
滿滿蔬菜香，鹽味昆布鮪魚義大利麵便當......100

⑦平底鍋＋微波爐
超下飯，絞肉炒蔬菜便當......112

⑧平底鍋＋微波爐
一鍋到底，照燒鰤魚便當......120

我愛用的廚房小道具......128

CONTENTS

Part2
雞、豬、牛、魚輪流當主食，天天吃便當也不膩

雞肉......................132
奶油咖哩雞肉／日式燉雞肉蒟蒻／南蠻雞／炸雞柳／微波爐親子丼

豬肉......................137
蔥醬豬五花肉片／義式香料炸豬排／紫蘇起司夾心豬排／糖醋炸豬肉片／微波爐回鍋肉／秋葵金針菇夾心豬排

牛肉......................143
日式洋風燴牛肉／簡易版燒肉／洋食風燉牛肉牛蒡／滑蛋牛肉蘆筍

絞肉......................147
燉煮漢堡排／番茄馬鈴薯燉絞肉／梅子風味乾咖哩／蔬菜雞肉漢堡排／微波爐雞肉末／微波爐蝦雞肉丸

讓相機先吃的便當擺盤法......................153
七彩珠寶盒，菜色組合範例......................156

鮭魚......................158
奶油風味醋溜洋蔥鮭魚／南蠻漬煎鮭魚／粉煎鮭魚／奶油馬鈴薯鮭魚起司燒／醬燒鮭魚佐柑橘醬／義式風味嫩煎鮭魚

鱈魚......................164
茄汁奶油醬燒鱈魚／蠔油芹菜醬燒鱈魚／醬燒嫩煎鱈魚／美乃滋醬燒鱈魚

鰤魚..168
奶油醬燒鰤魚／糖醋煎鰤魚／味噌醋燒鰤魚／芝麻美乃滋醬燒鰤魚

旗魚..172
洋蔥醬燒旗魚／咖哩醬燒旗魚

七彩珠寶盒，菜色組合範例..174
油豆腐可以當主菜，也能做副菜..................................176

Part3
蔬菜、雞蛋、蒟蒻絲，
配菜也超級搶戲

青椒..180
青椒拌鹽昆布／青椒拌奶油金針菇／柴魚薑汁青椒／青椒茄子味噌燒

綠花椰菜..182
綠花椰菜拌梅肉醬柴魚片／奧羅拉醬拌綠花椰菜／綠花椰菜拌芥末籽醬
金針菇

菠菜..184
起司培根拌菠菜／菠菜拌柴魚片／菠菜拌海苔／菠菜拌鮪魚鹽昆布

小松菜..186
蠔油炒小松菜／小松菜拌芝麻醋／小松菜拌豆皮／小松菜拌香菇佐柴魚

CONTENTS

高麗菜 ⋯⋯⋯⋯⋯⋯⋯⋯⋯⋯⋯⋯⋯⋯⋯⋯⋯⋯⋯⋯⋯ 188
胡麻醬鮪魚高麗菜／柚香高麗菜／檸香高麗菜／柴魚風味高麗菜

甜椒 ⋯⋯⋯⋯⋯⋯⋯⋯⋯⋯⋯⋯⋯⋯⋯⋯⋯⋯⋯⋯⋯⋯ 190
炒甜椒蘆筍佐芥末籽醬／甜椒起司燒佐芝麻／起司拌甜椒／奶油培根烤
甜椒

南瓜 ⋯⋯⋯⋯⋯⋯⋯⋯⋯⋯⋯⋯⋯⋯⋯⋯⋯⋯⋯⋯⋯⋯ 192
起司南瓜燒／咖哩南瓜燒／奶油南瓜燒／南瓜燉菇菇

紅蘿蔔 ⋯⋯⋯⋯⋯⋯⋯⋯⋯⋯⋯⋯⋯⋯⋯⋯⋯⋯⋯⋯⋯ 194
芝麻醋拌紅蘿蔔／糖漬紅蘿蔔／咖哩炒紅蘿蔔竹輪／照燒美乃滋醬拌紅
白蘿蔔絲

七彩珠寶盒，菜色組合範例 ⋯⋯⋯⋯⋯⋯⋯⋯⋯⋯⋯⋯⋯ 196

用蛋做出儀式感 ⋯⋯⋯⋯⋯⋯⋯⋯⋯⋯⋯⋯⋯⋯⋯⋯⋯ 198
蛋包印尼炒飯／豚平燒／簡易波隆那肉醬蛋捲／蛋包絞肉味噌飯

一蛋 5 吃 ⋯⋯⋯⋯⋯⋯⋯⋯⋯⋯⋯⋯⋯⋯⋯⋯⋯⋯⋯⋯ 203
西班牙烘蛋／小松菜香菇蛋／鴨兒芹香菇蛋／簡易法式鹹派／烤荷包蛋

蒟蒻 ⋯⋯⋯⋯⋯⋯⋯⋯⋯⋯⋯⋯⋯⋯⋯⋯⋯⋯⋯⋯⋯⋯ 206
民族風蒟蒻絲沙拉／蒟蒻海苔燒／味噌煮風味蒟蒻／棒棒雞風味蒟蒻絲

海帶芽、羊栖菜...208
千島醬海帶芽白蘿蔔絲沙拉／燙羊栖菜／莎莎醬風味羊栖菜／紅紫蘇馬鈴薯沙拉

牛蒡...210
牛蒡沙拉／奶油牛蒡絲／紅紫蘇風味牛蒡絲／乾燒牛蒡絲

馬鈴薯...212
美乃滋馬鈴薯玉米／鹽味馬鈴薯／德式煎馬鈴薯／蟹肉棒馬鈴薯沙拉

七彩珠寶盒，菜色組合範例...214

後記　時短料理，更能嘗到食材的鮮美.................................217

推薦序一
快速料理的小撇步，讓你不用菜刀和切菜板，10分鐘就能上菜

《超簡單氣炸烤箱料理110》作者／蔡宛珍

身為職業媽媽兼家庭主婦，現階段對於料理真的有點力不從心，沒辦法像以前一樣做比較繁複的料理，這本《不需要菜刀和切菜板的一個人美食》，完全是主婦的救星啊！書裡面不只有食譜，還有教大家如何在10分鐘內，做出3樣配菜的方法，如何更快速的備菜技巧、料理工具的選擇，以及各種可以更加快速料理的小撇步！

翻開書頁，Part 1的食譜是依照廚具、擁有3道配菜的10分鐘便當，跟以往我們印象中的食譜書不大相同。本書作者在介紹完食材後，接著是3樣菜同步時間進行的做法表格，非常有系統的讓大家可以依照作者的步驟，在10分鐘做出3樣配菜，也有詳細的食譜不怕看不懂，對廚房新手非常友善。在配菜方面，**一個便當內都有蔬菜、蛋白質和澱粉，營養相當均衡**；Part 2則是依照主菜食材，變化口味組合，每道主菜肉類，都清楚的標明料理時間，**10分鐘內使用微波爐、平底鍋即可完成**，善用不同的調味，就可以達到不同的風味；Part 3依照配菜食材，菜色調味的變化組合，可參考蔬菜的種類，來做不同口味的變換，料理的豐富程度讓人每道都想嘗試。

這本食譜書的料理節奏很快，10分鐘的3樣料理規畫在同步進

行，樣式豐富看起來也相當美味，不看料理時間的話，真的會覺得
要花很久的時間才能完成，但是作者有系統、有規畫的編排每道菜
的做法，讓各種複雜的料理方式，變得簡單且快速。

　　書中料理口味偏日式為主，但也滿符合臺灣人的口味，真的是
上班族回家的料理聖典。有料理需求、但又沒有時間的煮夫煮婦們，
真心推薦《不需要菜刀和切菜板的一個人美食》，會相當適合你。

推薦序二
在忙碌的生活裡，
找到屬於自己的美味幸福

TVBS《健康 2.0》國宴御廚／雷議宗

　　從事餐飲教育及健康節目工作多年，發現忙碌的現代人，總是沒有辦法好好的為自己或家人煮一頓豐盛的午、晚餐，因為大家總會覺得，進入廚房煮飯、煮菜，是一件很麻煩的事，所以總會在外面隨便買個東西吃，成了名副其實的「外食族」。但是，這樣很有可能吃進一些不健康的食物，所以我在健康節目裡，才會不斷的教大家要如何吃得健康、安心、營養。當然，要讓大家動手在家做料理的動機，一定要簡單、方便、輕鬆。

　　本書作者 Akarispmt's Kitchen，寫了這一本《不需要菜刀和切菜板的一個人美食》，裡面敘述了她曾經住過小房間，也因為上班太忙，沒有時間可以做飯，所以她用了自己的方式，利用一些廚房小工具，和廚房小家電、小瓦斯爐，而且不需要菜刀跟切菜板，在短短的 10 分鐘內，就能做出營養又美味的便當菜。

　　輕鬆簡單做菜，當然也要懂得善用食材，本書的料理內容，食材結合了肉類、海鮮、蔬菜，去做各式各樣的料理變化，看似日式料理，又像是西式料理，偶爾也會帶點中華料理，又或者像是烘焙點心般的呈現，真讓人難以想像 10 分鐘之內，就能做出如此變化豐富的餐點。

　　在本書中，我看到了忙碌的現代人，因為受限於工作以及環境，無法讓自己好好煮飯做菜，而衍生出如此方便又簡單輕鬆做的料理，我真的很佩服作者能夠在「逆境中求生存」的料理創作力，所以我推薦這一本好書《不需要菜刀和切菜板的一個人美食》給大家，希望大家在忙碌的生活裡、擁擠的空間中，能夠為自己找到一絲的美味幸福。

10分鐘美食便當小前提

〈關於烹調時間〉
- 不包含煮好的料理放涼、裝入便當擺盤的時間。
- 白飯會事先煮好放著備用。

〈本書提到的計量〉
- 一小匙是 5ml，一大匙是 15ml，一杯是 200ml。

〈本書提到的材料〉
- 醬油是濃鹽醬油，味醂是本味醂（酒精濃度約 14%），酒是一杯日本酒（或料理酒皆可），味噌是米味噌，柴魚醬油露是 2 倍濃縮，奶油是軟管裝的含鹽乳瑪琳，大蒜及薑也是軟管裝的泥狀（或是自己磨成泥），鹽昆布都是薄鹽昆布，檸檬汁是市售的濃縮還原檸檬汁，香草香料是使用 S&B Foods 製作的 MAGIC SALT。
- 蔬菜類、菇類、豆類、水果，若無特別說明，皆指：已經清洗、剝皮、魚肉去刺、肉類修清等前置作業。
- 所有便當完成後，都會額外放入一顆小番茄（不列在食譜中）。

〈本書提到的加熱時間、烹飪器具等〉
- 皆使用單口瓦斯爐加熱，若無特別說明，則都是開中火。若是 IH 爐等其他爐具，則請見烹飪器具說明。
- 電子微波爐火力皆預設 500 W，烤爐、小烤箱的火力約 1000 W。各廠牌的W數可能有異同，請自行調整。
- 請務必參閱電子微波爐、小烤箱的使用說明書，選用符合的耐熱容器及料理碗。在使用電子微波爐時，若無特別說明，則皆指該容器有包上保鮮膜再送進加熱。
- 塑膠袋皆使用厚度達 0.08mm 以上的產品。

前言
我想吃好料，卻沒時間好好煮飯做菜

大家好，我是 Akarispmt's Kitchen。

我是一位藥劑師，工作之餘，我會將自己平常做便當的過程拍成影片、上傳到 YouTube。我做便當的原則是：只要 10 分鐘，不使用菜刀及切菜板。

開始經營頻道的契機，是有一位飽受狹窄廚房之苦的二十多歲觀眾發了一則訊息給我：「我的廚房空間非常小，瓦斯爐也只有單口，連放切菜板的空間都沒有。雖然有小烤箱跟微波爐，但總是忙到沒有時間、頂多只有 15 分鐘可以煮飯。」

我在收到這則訊息之前，也曾認為做菜就是要用菜刀跟切菜板，雙口或三口瓦斯爐都給它開下去；我甚至還去上過料理教室，可以稱得上是用正統的方式在做菜。但是，我以前也是住在窄小的房子，當時工作還不穩定，每天忙得要死，根本沒有時間好好煮飯做菜。也因為這樣，我開始思考，有沒有一種料理方式，是可以在狹窄廚房，即便時間有限，沒有高超廚藝或廚具，但步驟簡單且任何人都能上手的呢？

這本書就是在這種想法之下，多方努力、累積下來的成果，本書將以這 3 項重點來為大家介紹我的料理法：

1 料理流程只要 10 分鐘。

2 內容簡單，營養均衡又美味。

3 便當的基本配置 3 道菜只要 10 分鐘。

根據食材種類、各種排列組合，味道也會有所不同，本書收錄 120 道食譜，相信一定能帶給各位很多便當菜的新點子，希望大家都能開心做便當。本書若能幫上大家的忙，那就是我最高興的事。

10分鐘便當技巧大揭密

使用營養均衡的食材，
搭配多樣化的調味組合，
只要掌握 7 個重點，
就能快速完成包含白飯與 3 樣配菜的便當。
Akarispmt's Kitchen 的便當技巧，
本書將為你大揭密！

重點

3 項廚具同步料理 3 道菜

製作 10 分鐘便當最關鍵的重點在於：**同時使用平底鍋、微波爐、小烤箱來同步料理 3 道菜**！先將其中一道副菜放入小烤箱，然後主菜放入平底鍋開始煎，同時再把另一道副菜放入微波爐，3 項廚具同步加熱料理，就能大幅縮短整體的烹飪時間。

平常我們要製作 3 道菜，所花費時間可能是 10 分鐘 +7 分鐘 +5 分鐘，但 3 樣菜同步料理的話，就只需要 10 分鐘。訣竅就是盡可能同時加熱，先從加熱時間長的菜色開始。由於只需要用到一把平底鍋，即便只有單口瓦斯爐，也可以應付。接下來會詳細為大家介紹，只使用平底鍋與微波爐，或是只靠一把平底鍋就能完成 3 道菜的便當食譜。

 平底鍋

主菜適合用平底鍋料理。可以配合自己的烹飪步調,隨時調整火力大小。一開始先開小火,食材全部放入後再調高火力。開小火時則可以同時料理其他菜色。

 微波爐

短時間就能加熱好,我建議可以利用平底鍋及小烤箱的料理空檔使用。配菜是以冷凍蔬菜或是雞蛋為主的話,就很適合用微波爐。我也很常用乾貨來提味,使用微波爐,3 分鐘就可以發揮乾貨的美味。

 小烤箱

小烤箱的加熱時間最長,因此建議把小烤箱放在料理順序的第一步。烤箱的優點,就是能把食物烤得香氣四溢,蔬菜或是加工食品,就推薦使用小烤箱。

重點

2

不用菜刀、切菜板，
只要料理剪刀和削皮器

　　我的便當特色，就是不使用菜刀跟切菜板。要切肉、魚片或蔬菜時，就改用料理剪刀；洋蔥、紅蘿蔔等根莖類蔬菜，牛蒡或小黃瓜等長條形蔬菜就改用削皮器。直接把食材削入料理碗、平底鍋、烤盤上，即便在狹窄的廚房，也不用擔心空間大小，可以快速備料（削皮器使用方法詳見 P.29）。

用料理剪刀剪開肉類或魚片。

蔬菜類也可以用料理剪刀剪成一口大小。

有厚度的根莖類蔬菜，就用削皮器削成小片或條狀。

使用可拆卸式的料理剪刀，可以當作小菜刀，用來切肉、切紋。

可拆卸料理剪刀很好清洗，直接放在一旁也很方便。

減少不必要的動線

　　選擇料理工具時，原則上以不占空間、能廣泛使用為優先。例如，**平底鍋選用直徑 14cm 的迷你尺寸**，木匙可以拿來炒也可以用來拌，量器只需要可以量一大匙，跟一小匙的雙頭量匙就足夠。濾網籃除了要能濾乾水分，最好選還可以直接進微波爐加熱的材質，料理碗也一樣選可以直接微波加熱的。最後，料理用工具，要固定放在自己最順手的位置，依照自己的烹調習慣順序來擺放，減少無謂的動作及動線（推薦的料理工具詳見 P.128）。

直徑 14cm 的平底鍋，與用途廣泛的木匙是最佳組合。

選用可以直接微波加熱的濾網籃，清洗食材、調味、微波加熱，一氣呵成。

有 4 種測量的雙頭量匙，一把多用，放置時也不會弄髒桌面。

工具盡可能放在自己最順手的位置，減少無謂的動作及動線，可以大幅縮短烹飪時間。

重點

三色豆是好幫手，
配菜種類更多元

我會買的常備冷凍食材有：綠花椰菜、菠菜、南瓜、毛豆、玉米粒、牛蒡等。由於便當菜的用量不多，因此使用冷凍食品的好處就是，不會發生買了一大把菠菜只用了幾根、已開罐的玉米粒罐頭只挖了一小匙、重複冷藏導致食材不新鮮、放在冰箱又占空間等窘境。冷凍食材可以少量使用，冷凍保存又方便，簡單就能增加便當配菜的種類。**我在做便當時，都會想著要多加一點蔬菜**，當然除了冷凍食材之外，我也會用新鮮蔬菜，來另做一些常備小菜。常備小菜搭配冷凍食材，如此可以節省很多時間，也能提升料理效率。

5

軟管調味料，一隻手就夠用

　　使用調味料的時候，「打開蓋子、用量匙挖適合的用量」，這個小動作意外的花時間。對於重視同步進行多種料理步驟的10分鐘便當來說，能省則省，就算是加調味料這種小動作，累積起來的零碎時間也是很可觀。

　　此時，各種軟管調味料就是最有力的好幫手，**只要空出一隻手，就可以直接加入料理碗或平底鍋**，輕鬆省力又快速。我常備的軟管調味料有：薑泥、蒜泥、梅子醬、豆瓣醬、柚子胡椒、黃芥末醬、乳瑪琳（不使用人工部分氫化油）等。用軟管乳瑪琳來代替奶油，做出來的菜就算冷掉也不會變得太硬，很適合做便當。

重點

6

乾貨，我的提味武器

　　乾貨能夠長期保存，又能每次少量使用，簡直就是便當菜的最強祕密武器。不需要辛苦熬湯，乾貨入菜就能輕鬆達到提味效果，**讓美味程度大升級**。

　　我常備的乾貨有：白蘿蔔絲、櫻花蝦、紅紫蘇葉、研磨白芝麻、減鹽昆布、乾香菇、羊栖菜、昆布絲等。其中我最推薦白蘿蔔絲！乾燥的白蘿蔔絲，比生白蘿蔔含有更豐富的鈣質及鐵質，製程經過日晒，也比乾香菇含有更豐富的維他命Ｄ。

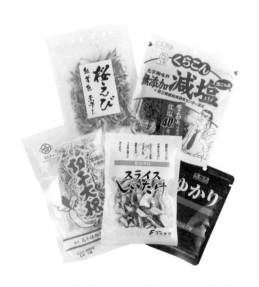

　　另外，便當菜最忌諱水分太多，造成溼軟走味，湯湯水水漏出來也很令人苦惱，使用乾貨則能避免此問題。例如，在青菜中加入研磨白芝麻，可以提升風味並吸收多餘水分。白蘿蔔絲及乾香菇也會吸收水分，加在雞蛋或菠菜中一起料理，吃的時候，乾貨吸飽湯汁，不只提味也增添口感，可說是一石二鳥。

重點

7

好撒粉的瓶裝容器搭配塑膠袋，
均勻裹粉不髒手

下鍋之前，先在肉片或魚片上
裹一層薄麵粉或薄太白粉，可以讓
口感更滑嫩，冷掉也不會變得乾
硬。為了讓裹粉的步驟更省時省
力，選擇好撒的瓶裝容器，把麵粉
或太白粉裝進去，這樣只要單手就
可以撒粉。畢竟，麵粉及太白粉
買回來時都是袋裝，要打開袋子、
拿小湯匙挖粉、再均勻鋪在肉上，

也需要時間。但是分裝到容器裡，既省時，也不會因為一時失手而
浪費。百元商店有賣撒粉專用的瓶裝容器，很推薦使用。

裹粉的時候，先把魚、肉裝到塑膠袋中撒粉，再把塑膠袋抓起
來搖勻，既能讓食材均勻裹粉，也不會弄髒手。

切、削、撕，
這樣處理食材更快速

在此為大家一舉公開基本食材切法。不需要菜刀和切菜板，改為使用料理剪刀與削皮器，直接切、直接削、甚至用手撕，讓食材直接掉入料理碗或平底鍋都不是問題。

● ●

肉、魚（魚片）剪刀

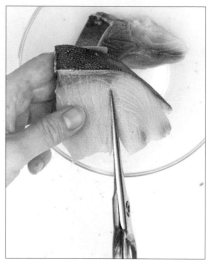

以雞腿肉為例，用料理剪刀將肉均勻剪成 6 至 7 塊，鮭魚魚片可以剪成 3 等分。肉片太厚容易受熱不均勻，先用剪刀剪成厚度均一的肉塊會比較好料理。

雞柳（雞里肌） 剪刀 叉子

先用叉子為雞柳去筋，再用剪刀將雞柳從中間剪開。拆卸剪刀，使用剪刀
的背將肉片敲薄，展開肉片後，裹上薄粉即可下鍋。

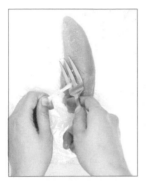 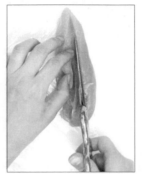 

小松菜 剪刀

先用剪刀剪掉根部約 1 公分長度，再將其洗乾淨，菜梗及葉子均勻剪成
3 公分大小。送進微波爐加熱前，配合料理碗的大小剪段。

高麗菜 手撕 剪刀

菜葉的部分，則可以用手撕成約 3 公分，比較硬的葉梗就用剪刀斜剪。
微波加熱後，先去水分，再加入調味料，就是完美的配菜。

青椒 手撕 剪刀

大拇指按壓蒂頭，掰開青
椒，從中把籽取出來，再
用手把青椒撕成一口大小，
或是用料理剪刀剪成絲也
可以。

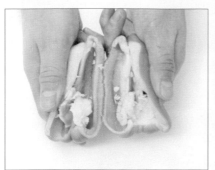

甜椒 剪刀

先用料理剪刀將甜椒剪開
一個口，再從開口處下刀，
剪成一口大小。雖然可以
用手撕，但甜椒比青椒來
得厚，建議使用剪刀。

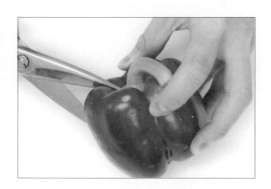

蘆筍 剪刀

拆開料理剪刀，先用刀刃削除梗的硬皮，再斜切約 1 公分大小。斜切能讓蘆筍段較容易加熱，也更容易入味。

菇類 剪刀 手撕

用剪刀剪下香菇柄，然後盡量用手撕成絲。一般香菇的話，菇傘與香菇柄分開後，香菇柄用手撕成絲，菇傘則用剪刀剪成約 0.5 公分即可。

  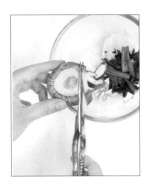

茄子 〔剪刀〕〔手撕〕

拆開料理剪刀，將刀刃前端插進茄子，大致將茄子對半切開，可以用手
撕的方式，將茄子分成小塊。若想讓茄子變得更小塊的話，用剪刀隨興
剪即可。

秋葵 〔剪刀〕

剪去蒂頭，再剪成約 1 公分的小段。剪之前，先在掌心撒一點鹽，再均
勻將鹽搓揉到秋葵上，然後微波加熱，如此秋葵表面的硬毛也能變得好
處理。

洋蔥、紅蘿蔔　削皮器　削片器

有厚度的根莖類蔬菜，就用削皮器吧，越削越小塊之後，也可以改用削片器。根據料理方式搭配使用都很不錯。

大蔥　剪刀　削片器

基本上用料理剪刀斜剪成小段就可以。使用削片器，可以把粗段削成薄薄的蔥片，想要剪成蔥花的話，先用剪刀把蔥段剪一個十字開口，再把蔥段橫過來剪成約 0.5 公分即可。

小黃瓜、牛蒡 削皮器 削片器

小黃瓜或是芹菜這種長條狀的蔬菜，都可以用削皮器削下來使用，或是用削片器削成薄片。我個人比較常使用已經處理好的冷凍牛蒡絲，不過直接用削皮器來削生牛蒡也完全沒問題。

馬鈴薯 削皮器 剪刀 叉子

我通常會選用直徑約 6 公分大小的小馬鈴薯。先用削皮器削除芽，然後整顆帶皮用廚房紙巾包起來，沾溼後微波加熱 2 分鐘左右，再用剪刀剪成小塊，或是用叉子搗成泥。

Part 1

只要3樣廚具，
就能玩出8道菜

使用平底鍋、微波爐、小烤箱，

就可以同時完成 3 道配菜的便當！ 8 道食譜大公開。

Type
1
平底鍋
＋
微波爐
＋
小烤箱

Type
2
平底鍋
＋
微波爐

Type
3
微波爐
＋
小烤箱

平底鍋 + 微波爐 + 小烤箱

蛋白質滿滿的
鱈寶豆腐漢堡排便當

10 minutes bento

不使用肉類或魚類等生鮮食材，

改以油豆腐、鱈寶、蟹肉棒等加工食品來做便當。

加工食品易保存，調味方式也不複雜，還能輕鬆獲取蛋白質！

烹調時也不用害怕燒焦，非常推薦拿來製作便當菜。

主菜 口感鬆軟，毛豆與起司風味的
鱈寶豆腐漢堡排

材料（1 人份）

A 油豆腐⋯1/2 片（約 45g，用剪刀剪開，取中間的嫩豆腐來用）
鱈寶⋯1/4 片（約 15g）
冷凍毛豆⋯5 支（活水洗淨）
起司⋯1/2 塊
蛋液⋯取 1 小匙
酒、太白粉⋯各 1/2 小匙

芝麻油⋯1/2 小匙
水⋯2 小匙

副菜 1 蟹肉棒、鴨兒芹、芝麻油讓美味倍增！
蟹肉蛋

材料（1 人份）

B 蛋液⋯大約 1 顆（鱈寶漢堡排用剩下的）
蟹肉棒⋯1 條，弄散
鴨兒芹⋯7 根
芝麻油⋯1/2 小匙
雞湯粉⋯微量

副菜 2 伍斯特醬風味迷人，熟悉的家常味

伍斯特醬風味小松菜拌豆皮

材料（1人份）

C｜小松菜…1/2 把
　｜油豆腐的皮…1/2 片（鱈寶漢堡排用剩下的）
　｜沙拉油…1/2 小匙

伍斯特醬…1/2 小匙

飯 白飯…150g
　　※ 一杯白米內含麥片 50ml、紫米一大匙，放入電鍋煮飯。

（´・ω・｀）ノ

不浪費空檔，10分鐘出菜重點

利用小烤箱及微波爐同時烹調兩道副菜，中間空檔就可以專心用平底鍋煎漢堡排。加熱時間最長的小烤箱（副菜 2 ）→平底鍋（主菜）→微波爐（副菜 1 ），以這樣的順序來料理就對了。

Plus1 小祕訣

將油豆腐皮肉分離，分別使用

一般豆腐由於水分較多，不太適合做成便當菜，因此改用油豆腐，內部嫩豆腐的部分可以當作一般豆腐使用，外層豆皮就當成炸豆皮。1 塊油豆腐，2 種用途，絲毫不浪費。

🕐 完整做法全覽，3道菜真的只要10分鐘

	1	2	3	4

主菜

鱈寶豆腐
漢堡排

將A的材料
都裝進塑膠
袋裡，用手
揉匀。

將袋子裡揉
匀的材料拿
出來，分成
2塊，塑型。

放進直徑14cm
的平底鍋，淋
上芝麻油，煎
漢堡排。

副菜1

蟹肉蛋

油豆腐、起司剪小
塊，鱈寶手撕塊。

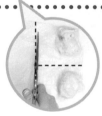

直接剪開袋子，
更容易拿。

副菜2

伍斯特醬風味
小松菜拌豆皮

烤4分鐘 →

放在小烤箱
的烤盤上，
送進加熱。

用剪刀將油豆腐皮
剪成約1cm、小松
菜剪成約3cm。

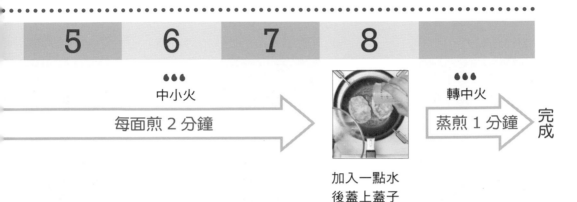

中小火

每面煎 2 分鐘

加入一點水
後蓋上蓋子
蒸煎。

轉中火

蒸煎 1 分鐘　　完成

微波 1 分 30 秒　　完成

將材料 B 倒進
耐熱料理碗，
攪拌均勻。

送進微波爐
加熱。

烤 2 分鐘　　完成

用手將蟹肉棒撕
成條狀，鴨兒芹
撕成 3cm。

倒入伍斯特醬，
繼續加熱。

詳細步驟

副菜 2 伍斯特醬風味小松菜拌豆皮

START！

| 1 | 2 | 3 | 4 |

C
- 小松菜
- 油豆腐皮
- 沙拉油

烤 4 分鐘

放在小烤箱
的烤盤上，
送進加熱。

用剪刀將油豆腐皮
的剪成約 1cm、小
松菜剪成約 3cm。

• 伍斯特醬

倒入伍斯特醬，
繼續加熱。

烤 2 分鐘 ➡ 完成

詳細步驟

主菜 鱈寶豆腐漢堡排

START！

| 1 | 2 | 3 | 4 |

A
- 油豆腐內的嫩豆腐
- 鱈寶
- 毛豆
- 起司
- 蛋液
- 酒
- 太白粉

· 芝麻油

將A的材料都裝進塑膠袋裡，用手揉勻。

將袋子裡揉勻的材料拿出來，分成兩塊，塑型。

放進直徑14cm的平底鍋中，淋上芝麻油，煎漢堡排。

油豆腐、起司剪小塊，鱈寶手撕塊。

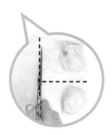

直接剪開袋子，更容易拿。

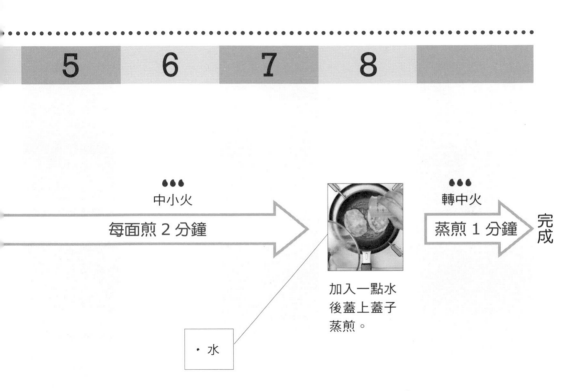

中小火

每面煎 2 分鐘

加入一點水
後蓋上蓋子
蒸煎。

· 水

轉中火

蒸煎 1 分鐘

完成

詳細步驟

副菜 1 蟹肉蛋

START！

| | 1 | 2 | 3 | 4 |

B
- 蛋液
- 蟹肉棒
- 鴨兒芹
- 芝麻油
- 雞湯粉

5 6 7 8

微波 1 分 30 秒 ➔ 完成

將材料 B 倒
進耐熱料理
碗中，攪拌
均勻。

送進微波爐加熱。

用手將蟹肉棒撕成
條狀，鴨兒芹撕成
3cm。

平底鍋 + 微波爐 + 小烤箱

口感滑順的蛋包飯便當

10 minutes bento

2

一般人總認為蛋包飯很費工，

但其實只要用平底鍋煎一層薄蛋皮、用微波爐來做番茄醬炒飯，

再善用便當盒及鋁箔紙來包裝，其實非常簡單！

再加上兩道西式配菜，大大提升滿足度！

∙∙

主菜 口感滑順充滿蛋香的蛋皮，包裹著番茄醬炒飯，濃郁美味
番茄蛋包飯

材料（1 人份）

A | 蛋液…1 顆的量　　B | 洋蔥…20g
　 | 牛奶…1 大匙　　　　 | 培根…1/2 片
　 | 砂糖…少量　　　　　 | 白飯…80g
　 | 　　　　　　　　　　 | 奶油（軟管）…10cm
　 | 　　　　　　　　　　 | 顆粒高湯粉…1/2 小匙
　 | 　　　　　　　　　　 | 番茄醬…1 大匙
　 | 　　　　　　　　　　 | 胡椒粉…少量

∙∙

副菜1 充滿食物纖維！切成細條狀，越嚼越有味
涼拌紅白蘿蔔絲

材料（1 人份）

C | 紅蘿蔔…5g
　 | 白蘿蔔乾絲、冷凍玉米粒…各 1 大匙
　 | 水…300ml

D | 美乃滋…1 小匙
　 | 醋…1/2 小匙
　 | 砂糖…1/3 小匙

副菜2 蝦子紅與蘆筍綠，為便當增添色彩

蒜燒風味蘆筍蝦

材料（1人份）

E 冷凍蝦子…5尾（已去殼、處理好的蝦，只需要用水簡單清洗，放著備用）
酒、胡椒粉…各少量

F 蘆筍…1根
鹽、大蒜粉…各少量
沙拉油…1/2 小匙

檸檬汁…少量

(´・ω・`)ノ

不浪費空檔，10分鐘出菜重點

用平底鍋煎薄蛋皮，就是唯一重點。番茄醬炒飯跟副菜1，就交給微波爐。根據加熱時間的長短，小烤箱（副菜2）→平底鍋（薄蛋皮）→微波爐（副菜1、番茄醬炒飯），照這樣的順序來做吧。

Plus1 小祕訣

使用平底鍋專用的鋁箔紙

普通鋁箔紙容易造成食材沾黏，因此改為平底鍋專用、矽氧樹脂加工的鋁箔紙。使用時別忘記分辨亮面霧面。由於鋁箔紙很輕，為了避免在烹飪途中飄起來，開火前一定要用手掌將鋁箔紙壓平、牢牢附在平底鍋上。

🕐 完整做法全覽，3道菜真的只要10分鐘

	1	2	3	4

番茄蛋包飯

〈煎一層薄蛋皮〉

•••
中火

煎 6 分鐘

在直徑 20cm 的平底鍋裡鋪上鋁箔紙，倒入材料 A，均勻鋪滿鍋面後開火，輕輕搖晃鍋子，讓鍋內的蛋液均勻受熱。

用削皮器削洋蔥，培根用手撕成約 1cm 大小。

副菜 1

**涼拌
紅白蘿蔔絲**

紅蘿蔔用削皮器削下來，白蘿蔔乾絲用剪刀剪成 2cm。

將 C 倒入耐熱料理碗裡微波加熱。

副菜 2

**蒜燒風味
蘆筍蝦**

將 E 倒入耐熱料理碗裡拌勻，微波加熱 30 秒。

步驟 1 完成後，吸乾碗內水分，再加入 F，送進小烤箱加熱。

蘆筍用剪刀斜剪成 1cm 小段。

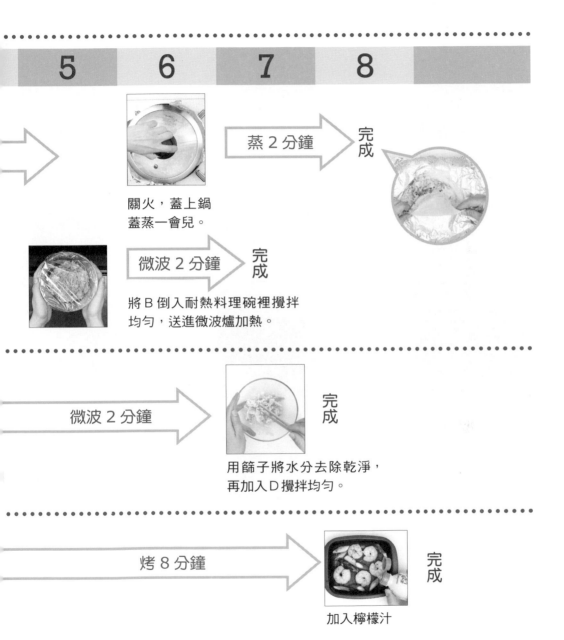

5　6　7　8

蒸 2 分鐘　完成

關火，蓋上鍋
蓋蒸一會兒。

微波 2 分鐘　完成

將 B 倒入耐熱料理碗裡攪拌
均勻，送進微波爐加熱。

微波 2 分鐘　完成

用篩子將水分去除乾淨，
再加入 D 攪拌均勻。

烤 8 分鐘　完成

加入檸檬汁

詳細步驟

副菜 2 蒜燒風味蘆筍蝦

START !

	1	2	3	4

E
- 冷凍蝦子
- 酒
- 胡椒粉

F
- 蘆筍段
- 鹽
- 大蒜粉
- 沙拉油

將 E 倒入耐熱料理碗裡拌勻，微波加熱 30 秒。

步驟 1 完成後，吸乾碗內水分再加入 F，然後送進小烤箱加熱。

蘆筍用剪刀斜剪成 1cm 小段。

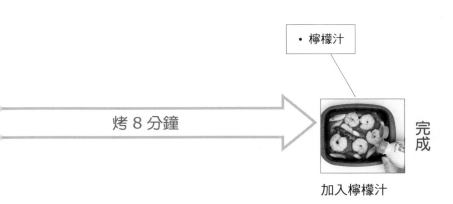

• 檸檬汁

烤8分鐘　　　　　　　　　　　　　　　完成

加入檸檬汁

詳細步驟

副菜2 番茄蛋包飯

START！

	1	2	3	4

〈煎一層薄蛋皮〉

A
- 蛋液
- 牛奶
- 砂糖

在 20cm 的平底鍋裡鋪上鋁箔紙，倒入材料 A，均勻鋪滿鍋面後開火，輕輕搖晃鍋子，讓鍋內的蛋液均勻受熱。

中

煎

B
- 洋蔥
- 培根
- 白飯
- 奶油
- 顆粒高湯粉
- 番茄醬
- 胡椒粉

用削皮器削洋蔥，培根用手撕成約 1cm 大小。

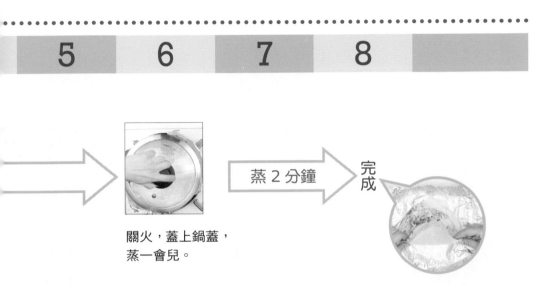

蒸 2 分鐘 　完成

關火，蓋上鍋蓋，
蒸一會兒。

〈料理番茄飯〉

微波 2 分鐘 　完成

將B倒入耐熱料理
碗裡攪拌均勻，送
進微波爐加熱。

詳細步驟

副菜 1 涼拌紅白蘿蔔絲

START !

| 1 | 2 | 3 | 4 |

C
- 紅蘿蔔
- 白蘿蔔乾絲
- 冷凍玉米粒
- 水

紅蘿蔔用削皮器削下來，白蘿蔔乾絲用剪刀剪成2cm。

將C倒入耐熱料理碗裡微波加熱。

5　　6　　7　　8

D
・ 美乃滋
・ 醋
・ 砂糖

微波 2 分鐘 →

完成

用篩子去除水分，
再加入D攪拌均勻。

用蛋皮漂亮的捲起番茄醬炒飯

Ⓐ 先將鋁箔紙鋪在便當盒中，放上蛋皮，
再把飯放在蛋皮上，沿著便當盒的形
狀用蛋皮把飯包起來。

Ⓑ 將便當盒反過來，一手托著鋁箔紙，
一手輕輕移動便當盒，將便當盒拿起。

Ⓒ 將鋁箔紙中的蛋包飯放回便當盒中，
用湯匙做最後塑形。

（平底鍋）＋（微波爐）

就算冷掉也好吃的
照燒雞肉便當

3

10 minutes bento

想要做出就算冷掉也好吃的照燒雞肉，
只要少油、下鍋半煎炸就可以輕鬆做好！
使用豆瓣醬及長蔥增添中式風味，
副菜就用柴魚醬油露來做和風滑蛋白蘿蔔乾絲，及奶油風味菠菜，
兼具飽足感與滿足感。

主菜 照燒醬汁濃郁，微辣豆瓣醬夠味

照燒雞肉

材料（1 人份）

A | 雞腿肉…90g
　| 蒜泥、薑泥（軟管）…各 1cm
　| 胡椒粉…少量
　|
　| 蛋液…1 大匙
　| 太白粉…1 小匙
　| 沙拉油…1/2 大匙

B | 長蔥…4cm
　| 豆瓣醬、砂糖…各 1/2 小匙
　| 醋、酒…各 1/2 大匙
　| 醬油…1/3 小匙

副菜 1 白蘿蔔乾絲非常夠味，是提味的祕密武器

滑蛋白蘿蔔乾絲

材料（1 人份）

C | 白蘿蔔乾絲…1 大匙（約 1g）
　| 柴魚醬油露（2 倍濃縮）…1 小匙

D | 香菇柄…1 個
　| 鴨兒芹…2 至 3 根
　| 蛋液…約 1 顆（做照燒雞肉剩的量即可）
　| 芝麻油…1/2 小匙

副菜2 香菇的香氣與奶油的風味，促進食慾的好味道

奶油菠菜拌香菇

材料（1 人份）

E │ 冷凍菠菜…30g
味醂…1 小匙
洋蔥…10g
香菇的菇傘…1 朵（用滑蛋白蘿蔔乾
絲做剩的即可）
乾香菇切片…切 2 朵

F │ 奶油（軟管）…6cm
柴魚醬油露
（2 倍濃縮）…1 小匙

飯 白飯…150g

（´・ω・`）ノ

不浪費空檔，10分鐘出菜重點

照燒雞肉的步驟比較多，兩道副菜利用微波爐就可以簡單完成。做照
燒雞肉時，訣竅就是控制平底鍋的火力。先用較弱的小中火慢慢加熱，
利用空檔做好副菜。最後 1 分鐘再用中火為照燒雞肉收乾。

── Plus1 小祕訣 ──

1 顆蛋與 1 朵香菇，做出多道配菜

主菜與副菜 1 都會用到蛋液，副菜 1 及
副菜 2 使用同一朵香菇但不同部位。
不用額外處理其他食材，就能減少多餘
的作業時間，搭配不同的調味料，例如
中式豆瓣醬、和風柴魚醬油、洋風奶油
等，就能做出完全不同風味的料理。

🕐 完整做法全覽，3道菜真的只要10分鐘

	1	2	3	4

主菜

照燒雞肉

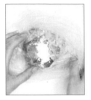

將 A 裝入塑膠袋中搖一搖，加入蛋液後搖晃，再加入太白粉混合。

使用直徑 14cm 的平底鍋，倒入沙拉油熱鍋，步驟1的雞肉，有皮的那面先下鍋煎。

副菜 1

滑蛋
白蘿蔔乾絲

  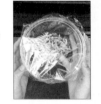

雞腿肉用料理剪刀剪成 7 至 8 塊。

白蘿蔔乾絲用料理剪刀剪成約 1cm。

將 C 倒入耐熱料理碗中，送進微波爐加熱。

副菜 2

奶油菠菜
拌香菇

用削皮器削洋蔥，香菇的菇傘用剪刀剪成約 0.5cm。

微波 1 分鐘

將 E 放入耐熱料理碗中，微波加熱。

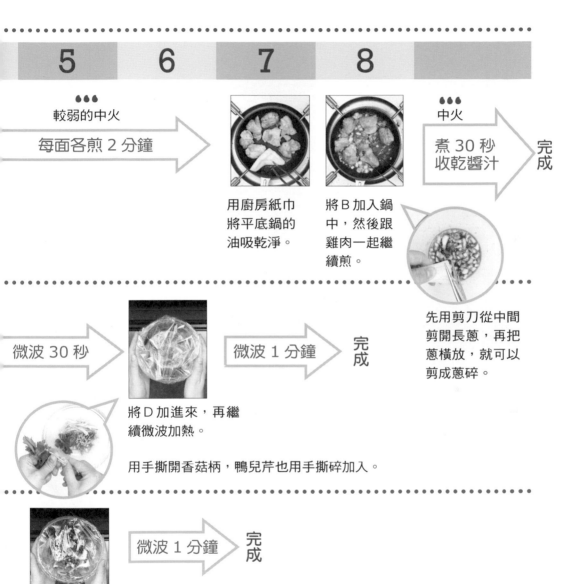

5　6　7　8

●●●
較弱的中火

每面各煎 2 分鐘

用廚房紙巾
將平底鍋的
油吸乾淨。

將 B 加入鍋
中，然後跟
雞肉一起繼
續煎。

●●●
中火

煮 30 秒
收乾醬汁

完成

先用剪刀從中間
剪開長蔥，再把
蔥橫放，就可以
剪成蔥碎。

微波 30 秒

將 D 加進來，再繼
續微波加熱。

用手撕開香菇柄，鴨兒芹也用手撕碎加入。

微波 1 分鐘　完成

微波 1 分鐘　完成

用廚房紙巾將碗內
水分吸乾，加入 F
後微波加熱。

詳細步驟

主菜 照燒雞肉

START！

	1	2	3	4

A
- 雞腿肉
- 蒜泥
- 薑泥
- 胡椒粉

・蛋液　　・太白粉

・沙拉油

將 A 裝入塑膠袋中搖一搖，加入蛋液後搖一搖，再加入太白粉搖晃均勻。

使用直徑 14cm 的平底鍋，倒入沙拉油熱鍋，步驟 1 的雞肉，有皮的那面先下鍋煎。

雞腿肉用料理剪刀剪成 7 至 8 塊。

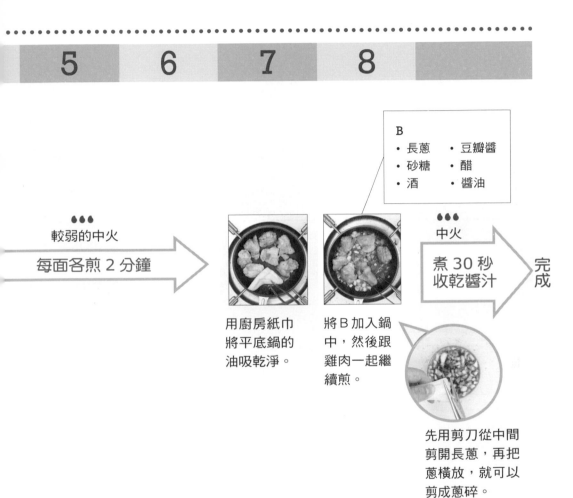

5	6	7	8

B
• 長蔥　• 豆瓣醬
• 砂糖　• 醋
• 酒　　• 醬油

較弱的中火

每面各煎 2 分鐘

用廚房紙巾將平底鍋的油吸乾淨。

將 B 加入鍋中，然後跟雞肉一起繼續煎。

中火

煮 30 秒
收乾醬汁

完成

先用剪刀從中間剪開長蔥，再把蔥橫放，就可以剪成蔥碎。

詳細步驟

副菜 2 奶油菠菜拌香菇

START！

| 1 | 2 | 3 | 4 |

E
- 冷凍菠菜
- 味醂
- 洋蔥
- 香菇的菇傘
- 乾香菇

將 E 放入耐熱
料理碗中，微
波加熱。

微波 1 分鐘

用削皮器削洋蔥，
香菇的菇傘用剪刀
剪成約 0.5cm。

F
・奶油
・柴魚醬油露

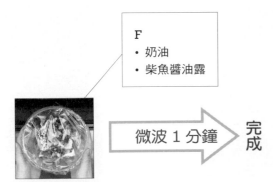

微波 1 分鐘 → 完成

用廚房紙巾將碗內
水分吸乾，加入 F
後微波加熱。

詳細步驟

副菜 1 　滑蛋白蘿蔔乾絲

START！

	1	2	3	4

> C
> • 切碎的白蘿蔔乾絲
> • 柴魚醬油露

白蘿蔔乾絲用料理
剪刀剪成約 1cm。

將 C 倒入耐熱
料理碗中，送
進微波爐加熱。

| 5 | 6 | 7 | 8 |

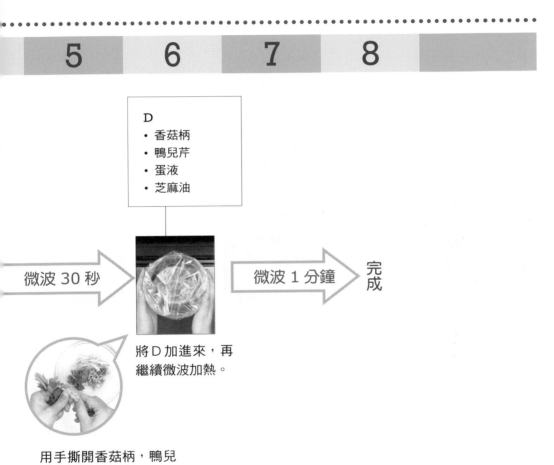

D
- 香菇柄
- 鴨兒芹
- 蛋液
- 芝麻油

微波 30 秒

微波 1 分鐘　完成

將 D 加進來，再
繼續微波加熱。

用手撕開香菇柄，鴨兒
芹也用手撕碎加入。

平底鍋 + 微波爐

無腥味的
蔥油風味鮭魚便當

10 minutes bento

4

魚肉的加熱時間比一般肉類短，

其中又以鮭魚的腥味及魚刺最少，非常適合拿來做便當。

用少量的油半煎炸，做出中式蔥油雞風味的鮭魚，

海苔、紫蘇、白芝麻及奶油風味的配菜，更加豐富整體味道。

（主菜） 表層香酥，甜鹹醬汁濃郁美味

蔥油風味鮭魚

材料（1 人份）

A | 生鮭魚…1 塊（約 90g）
　　醬油…1/2 小匙
　　酒…1 小匙

　　太白粉…1 小匙
　　沙拉油…鋪滿整個平底鍋面的量

B | 蒜泥、薑泥（軟管）…各 1cm
　　醋、砂糖、醬油、水…各 1 小匙
　　長蔥…3cm

（副菜1） 海苔、紫蘇、雞蛋三合一，微波一下就完成！

海苔蛋

材料（1 人份）

C | 海苔…3 切海苔 1 片（再切一半）
　　紫蘇葉…2 片
　　蛋…1 顆
　　鹽…少許

副菜2 　白芝麻與奶油，引出菠菜甜味！

奶油菠菜佐白芝麻

材料（1 人份）

| D | 冷凍菠菜…30g
酒…1 小匙 | E | 砂糖…1/2 小匙
柴魚醬油露（2 倍濃縮）…1 小匙
奶油（軟管）…4cm
研磨白芝麻…1 小匙 |

飯 　白飯…150g

(´・ω・`)ノ

不浪費空檔，10分鐘出菜重點

鮭魚先放著醃一下，下鍋後先用較弱的小中火，加入調味料後，以較強的中火煎煮 1 ～ 2 分鐘。利用這中間的空檔，微波雞蛋跟菠菜。只有長蔥需要用到剪刀。

— Plus1 小祕訣

海苔蛋也是用剪刀來剪

用海苔及紫蘇葉把蛋包起來，送進微波爐加熱。為了避免蛋在微波時爆裂，先用剪刀在蛋白的部分均勻剪 6 刀、蛋黃均勻剪 3 刀，剪完後再微波，就能得到完美的海苔蛋。

🕐 完整做法全覽，3道菜真的只要10分鐘

1	2	3	4

主菜

蔥油風味鮭魚

靜置醃 3 分鐘

鮭魚用剪刀剪成 3 塊，
加入醬油、酒。

副菜 1

海苔蛋

包起來，
送進微波
爐加熱。

照著海苔、紫蘇葉、蛋、
紫蘇葉、海苔的順序。

先在耐熱料理碗鋪上一層保鮮膜，然後放
上 C。用剪刀在蛋黃的部分均勻剪 3 刀、
蛋白剪 6 刀（預防爆裂），撒少許鹽。

副菜 2

奶油菠菜佐
白芝麻

將 D 放入耐熱料
理碗中，送進微
波爐加熱。

5	6	7	8

●●●
較弱的中火

煎 2 分鐘

較強的中火

燉煮 1 至 2 分鐘

完成

擦乾鮭魚的
水分，撒上
太白粉。

使用直徑 14cm 的
平底鍋，先用沙拉
油熱鍋，把步驟 5
的鮭魚放入鍋煎，
記得要不時翻面。

將 B 放入料
理碗，攪拌
均勻。

用廚房紙巾
吸乾多餘的
油，倒入 8
之後燉煮收
乾醬汁。

分鐘　完成

先把長蔥用剪刀垂直
剪開，再橫放著剪，
就可以剪成碎蔥。

微波 1 分鐘

完成

步驟 4 完成後，用廚房紙巾去除
多餘水分，再加入 E 攪拌均勻。

詳細步驟

主菜 蔥油風味鮭魚

START！

1	2	3	4

A
- 生鮭魚
- 醬油
- 酒

鮭魚用剪刀剪
成 3 塊，加入
醬油、酒。

靜置醃 3 分鐘

5 6 7 8

・太白粉

・沙拉油

擦乾鮭魚的
水分，撒上
太白粉。

使用直徑14cm的平
底鍋，先用沙拉油熱
鍋，把步驟5的鮭魚
放入鍋煎，記得要不
時翻面。

較弱的中火

煎2分鐘

將B放入料
理碗，攪拌
均勻。

用廚房紙巾
吸乾多餘的
油，倒入8
之後燉煮收
乾醬汁。

較強的中火

燉煮1至2分鐘 完成

B
・長蔥　・醋　・醬油
・蒜泥　・砂糖　・水
・薑泥

先把長蔥用剪刀垂直
剪開，再橫放著剪，
就可以剪成碎蔥。

83

詳細步驟

副菜 1 海苔蛋

START！

| 1 | 2 | 3 | 4 |

C
- 海苔
- 紫蘇葉
- 蛋
- 鹽

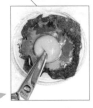

微波 1

照著海苔、紫蘇葉、蛋、紫蘇葉、海苔的順序。

先在耐熱料理碗中鋪上一層保鮮膜後放上C。用剪刀在蛋黃的部分均勻剪3刀、蛋白剪6刀（預防爆裂），撒少許鹽。

包起來，微波加熱。

5　6　7　8

 完成

詳細步驟

副菜 2 奶油菠菜佐白芝麻

START！

| | | 1 | | 2 | 3 | 4 |

D
- 冷凍菠菜
- 酒

將 D 放入耐熱料理碗中，送進微波爐加熱。

5	6	7	8

E
- 砂糖
- 柴魚醬油露
- 奶油
- 研磨白芝麻

微波 1 分鐘 ➡

完成

步驟 4 完成後，用廚房紙巾
去除多餘水分，再加入 E 攪
拌均勻。

（微波爐）＋（小烤箱）

胃口大開的
塔可風味雞柳捲便當

10 minutes bento

5

雞柳捲便當，因油脂含量少，

微波加熱後也不容易產生腥味，

搭配墨西哥塔可醬，副菜風味為香甜美乃滋與味噌，

滋味非常豐富。

主菜 肉捲口感扎實，雞肉美味滿溢，香辣塔可醬料提味
塔可風味雞柳捲

材料（1 人份）

墨西哥塔可醬

A | 洋蔥…5 至 10g
　 | 蒜泥（軟管）…0.5cm
　 | 絞肉…10g
　 | 中濃醬…1/2 小匙
　 | 辣椒粉、胡椒粉…各少量
　 | 番茄醬…1 小匙

雞柳…1 條（約 70g）
鹽…少許
酒…1 小匙
高麗菜葉…1/2 片
披薩用起司…2.5g

副菜 1 汆燙讓食材保留更多膳食纖維
美乃滋涼拌高麗菜蘆筍

材料（1 人份）

高麗菜…1/2 片
蘆筍…1 根
塔可風味雞胸肉捲的肉汁…1 小匙

B | 美乃滋…1 小匙
　 | 醬油、芥末籽醬…各 1/3 小匙

副菜2　香甜濃郁的滋味配上味噌香氣，讓人胃口大開

味噌起司烤紅蘿蔔

材料（1 人份）

C │ 紅蘿蔔…15g
　│ 味噌…1/2 小匙
　│ 味醂…1 小匙
　│ 起司粉…1 小匙

・・

飯　白飯…150g

(´・ω・`)ノ

不浪費空檔，10分鐘出菜重點

主菜及副菜 1 都是使用微波爐，副菜 2 則用小烤箱。一片高麗菜可以用在兩道菜，主菜的肉汁還能變成副菜的調味料，所有材料物盡其用不浪費，巧妙的菜色組合就是竅門。

Plus1 小祕訣

最後一步用剪刀來完成

做好的雞柳捲就用料理剪刀來剪開吧。比起刀子，剪刀的切口小也更好控制，從漂亮的切口可以看到濃稠的塔可醬料與高麗菜。

🕐 完整做法全覽，3道菜真的只要10分鐘

	1	2	3	4

主菜

塔可風味
雞柳捲

用削皮器削
洋蔥。

耐熱碗裡放入 A
攪拌均勻，微波
加熱，就做好墨
西哥塔可醬。

副菜 1

美乃滋涼拌
高麗菜蘆筍

將一片高麗
菜葉剪成兩
半，半片給
主菜，半片
給副菜 1。

將高麗菜葉手撕
成碎片，菜芯剪
成 0.5cm，蘆筍
斜剪成 4cm。

蓋上保鮮膜，
送進微波爐。

微波 1 分鐘

副菜 2

味噌起司
烤紅蘿蔔

在烤盤上將 C 攪
拌均勻後加熱。

烤 7 分鐘

用削皮器削下
紅蘿蔔。

5	6	7	8

先鋪一層保鮮膜，放上雞柳。用剪刀單刀往右下斜切，再用刀背敲薄展開。

撒上鹽、酒，再放上高麗菜葉、起司、步驟4的塔可醬，最後用保鮮膜捲起來。

將雞柳捲放進耐熱容器微波。

每一面微波各40秒 ➜ 完成

高麗菜葉 1/2 片

用廚房紙巾吸掉步驟3的水分，再加入步驟7的肉汁。

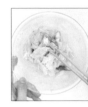

加入B後攪拌均勻。

完成

完成

詳細步驟

[副菜 2] 味噌起司烤紅蘿蔔

START！

1	2	3	4

C
- 紅蘿蔔
- 味噌
- 味醂
- 起司粉

在烤盤上將
C攪拌均勻
後加熱。

烤 7 分鐘

用削皮器削下
紅蘿蔔。

| 5 | 6 | 7 | 8 | |

 完成

詳細步驟

副菜 1 美乃滋涼拌高麗菜蘆筍

START！

```
1    2    3    4
```

* 高麗菜
* 蘆筍段

微波 1 分鐘

將一片高麗菜葉剪成兩半，半片給主菜用，半片給副菜 1。

將高麗菜葉手撕成碎片，菜芯剪成 0.5cm，蘆筍斜剪成 4cm。

蓋上保鮮膜，送進微波爐。

5　　6　　7　　8　　9

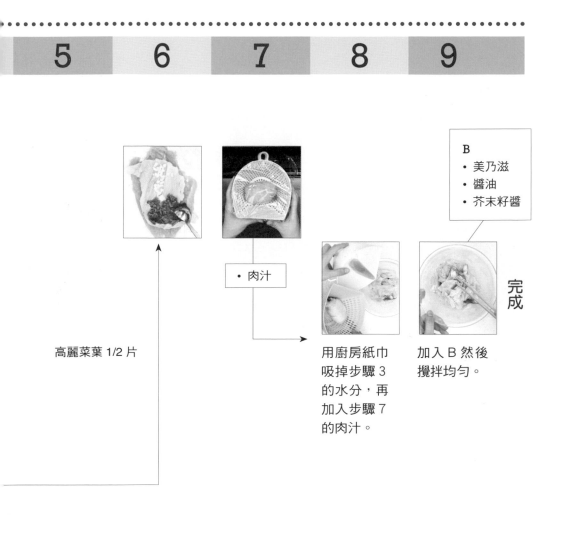

B
• 美乃滋
• 醬油
• 芥末籽醬

• 肉汁

完成

高麗菜葉 1/2 片

用廚房紙巾
吸掉步驟 3
的水分，再
加入步驟 7
的肉汁。

加入 B 然後
攪拌均勻。

詳細步驟

主菜 塔可風味雞柳捲

START！

| 1 | 2 | 3 | 4 |

A
- 洋蔥
- 蒜泥
- 絞肉
- 中濃醬
- 辣椒粉
- 胡椒粉
- 番茄醬

耐熱碗裡放入 A 攪拌均勻，微波加熱，就做好墨西哥塔可醬。

用削皮器削洋蔥。

5　　6　　7　　8

• 鹽
• 高麗菜
• 酒
• 披薩用起司

• 雞柳

每一面微波
各 40 秒

完
成

先鋪一層保
鮮膜，放上
雞柳。用剪
刀單刀往右
下斜切，再
用刀背敲薄
展開。

撒上鹽、酒，
再 放 上 高 麗
菜葉、起司、
步 驟 4 的 塔
可 醬，最 後
用保鮮膜捲
起來。

將雞柳捲放在耐
熱容器中，送進
微波爐加熱。

雞柳的處理方法

Ⓐ 利用叉子去除雞柳
的筋。
Ⓑ 用料理剪刀把雞柳
剪開，再拆開料理
剪刀，用單刀當作
小菜刀來用。

（微波爐） + （小烤箱）

滿滿蔬菜香，
鹽味昆布
鮪魚義大利麵便當

10 minutes bento

6

選用耐熱塑膠便當盒，直接放入義大利麵、水、鹽、沙拉油，
再微波加熱就完成。
鹽味昆布及紫蘇的香氣能促進食慾，
副菜材料有番茄跟彩椒，滿滿蔬菜香氣又有豐富口感。

主菜 美味關鍵是鹽味昆布及鮪魚，散發紫蘇香氣的和風義大利麵

鹽味昆布鮪魚義大利麵

材料（1人份）

義大利麵
（0.15cm，煮5分鐘）…60g
鹽…1/4小匙
沙拉油…1/2小匙
水…200ml
（視不同容器，約9分滿）

A｜奶油（軟管）…10cm
｜鮪魚（無鹽）…1/2罐（記得濾油）
｜鹽味昆布…1大匙（約3g）

B｜沙拉油或橄欖油…1/2小匙
｜紫蘇葉…3片

副菜1 清甜彩椒多汁且香

烤甜椒拌鮪魚

材料（1人份）

C｜紅甜椒…1/4顆（約25g）
｜鮪魚（無鹽）…1/2罐（用義大利麵剩下的即可）
｜橄欖油或沙拉油…1小匙
｜砂糖…1/3小匙
｜香草鹽、乾燥羅勒…各少許
｜檸檬汁…少量

副菜2　南瓜甜與番茄酸，融合成美妙的酸甜好滋味

普羅旺斯雜燴風蔬菜

材料（1 人份）

D | 迷你小番茄…1 顆
冷凍南瓜…1 塊（已分切好）
洋蔥…10g

E | 乾燥羅勒、起司粉…各少量
顆粒高湯粉…1/4 小匙
番茄醬…1 小匙

(´‧ω‧`)ノ

不浪費空檔，10分鐘出菜重點

選用耐熱塑膠便當盒，直接放入義大利麵、水、鹽、沙拉油，再送進微波爐加熱就 OK。兩道副菜可以同時送進烤箱加熱。料理順序從烤箱開始，最後才用微波爐做義大利麵。

※ 我的小烤箱有上下兩層，可以同時放兩個烤盤一起加熱。

Plus1 小祕訣

配合微波爐，要用煮麵時間只需要 5 分鐘的麵條

配合微波爐加熱，要選擇麵條粗度 0.15cm 的義大利麵（比這更細的就不適合微波）。為了避免麵條沾黏，記得加入沙拉油及鹽。加熱完後再額外加入沙拉油，這樣麵條就算冷掉，也不會變硬結塊，美味依舊。

🕐 完整做法全覽，3道菜真的只要10分鐘

	1	2	3	4

主菜

**鹽味昆布鮪魚
義大利麵**

先用廚房紙巾將義大利麵捲起來（避免散開），然後折成兩半，放進便當盒。

微波 3 分鐘

使用耐熱塑膠便當盒，倒入水約 9 分滿，再依序放入義大利麵、鹽、沙拉油，然後蓋上保鮮膜微波加熱。

副菜 1

烤甜椒拌鮪魚

烤 8 分鐘

將 C 放入烤盤，送進烤箱加熱。

用料理剪刀將紅甜椒剪成約 1cm 小塊狀。

副菜 2

**普羅旺斯
雜燴風蔬菜**

剪開迷你小番茄，用削皮器削下洋蔥。

將 D 放入耐熱碗中，微波加熱。

微波 30 秒

步驟 2 完成後放入 E，然後送進烤箱加熱。

用湯匙搗爛小番茄，南瓜若太大塊，也可用湯匙切成小塊。

微波1分30秒
＋1分30秒

完成

將油、鹽與麵拌勻，
先微波 1 分 30 秒後
拿出來，拌勻麵條後
再加熱 1 分 30 秒。

將微波好的義大利麵
用濾水籃濾掉水分，
再放回便當盒，加入
A 攪拌均勻。

最後再微波加
熱約 30 秒，
然後加入 B。

紫蘇葉用手撕
碎即可。

完成

淋上檸檬汁，
攪拌均勻。

烤 4 分鐘　　　　　完成

詳細步驟

副菜 1 烤甜椒拌鮪魚

START !

	1	2	3	4

C
- 紅甜椒
- 鮪魚
- 橄欖油
- 砂糖
- 香草鹽
- 乾燥羅勒

將 C 放入烤盤，
送進烤箱加熱。

烤 8

用料理剪刀將
紅甜椒剪成約
1cm 小塊狀。

· 檸檬汁

完成

淋上檸檬汁，
攪拌均勻。

詳細步驟

副菜 2 普羅旺斯雜燴風蔬菜

START！

| | 1 | 2 | 3 | 4 |

E
• 乾燥羅勒
• 起司粉
• 顆粒高湯粉
• 番茄醬

D
• 迷你小番茄
• 洋蔥
• 冷凍南瓜

微波 30 秒

將 D 放入耐熱碗中，微波加熱。

步驟 2 完成後放入 E，然後送進烤箱加熱。

剪開迷你小番茄，用削皮器削下洋蔥。

用湯匙搗爛小番茄，南瓜若太大塊，也可用湯匙切成小塊。

5	6	7	8

烤4分鐘 ⟶ 完成

詳細步驟

主菜 鹽味昆布鮪魚義大利麵

START !

	1	2	3	4

- 義大利麵
- 鹽
- 沙拉油
- 水

微波 3

使用耐熱塑膠便當盒，
倒入水約 9 分滿，再依
序放入義大利麵、鹽、
沙拉油，然後蓋上保鮮
膜微波加熱。

先用廚房紙巾將義大利
麵捲起來（避免散開），
然後折成兩半，放進便
當盒。

5 6 7 8

A
- 奶油
- 鹽味昆布
- 鮪魚

B
- 沙拉油
- 紫蘇葉

微波1分30秒
＋1分30秒

完成

將油、鹽與麵拌勻，先微波1分30秒後拿出來，拌勻麵條後再加熱1分30秒。

將微波好的義大利麵用濾水籃濾掉水分，再放回便當盒，加入A攪拌均勻。

最後再微波加熱約30秒，然後加入B。

紫蘇葉用手撕碎即可。

（平底鍋） + （微波爐）

超下飯，
絞肉炒蔬菜便當

10 minutes bento

7

使用直徑 27cm 的平底鍋，就可以同時料理 3 道菜。

主菜的絞肉炒蔬菜分量十足、調味濃郁，非常下飯！

副菜荷包蛋及小松菜，則是不搶戲的清爽調味。

絞肉煎成塊狀，肉感十足！

主菜 就算討厭吃青菜，也會愛上這道菜！

超下飯絞肉炒蔬菜

材料（1 人份）

A｜絞肉…80g
　　沙拉油…1/2 小匙
　　茄子…1/2 條（約 40g）

B｜秋葵…2 條
　　洋蔥…20g
　　迷你小番茄…2 顆

C｜番茄醬、中濃醬…各 2 小匙
　　披薩用起司…10g

副菜1 簡單做法，利用香草大幅提升荷包蛋的風味

香草風味荷包蛋

材料（1 人份）

D｜蛋…1 顆
　　鹽、胡椒粉…各少許
　　乾燥香草…1/4 小匙

副菜 2　芥末香氣四溢的醬油風味小菜

芥末醬油風味炒小松菜

材料（1 人份）

E｜小松菜…1 把
　｜沙拉油…1/2 小匙

F｜醬油…1/2 小匙
　｜砂糖…指尖 1 小撮

G｜芥末（軟管）…1cm
　｜檸檬汁…1/2 小匙

飯　白飯…150g

（´・ω・`）ノ

不浪費空檔，10分鐘出菜重點

可能有些人不太習慣一鍋加熱到底的料理方式，建議可以先備料（尤其切菜）。漸漸上手之後，就可以一邊加熱一邊切菜下鍋，這樣整體速度會更快。切菜入鍋、下調味料時，可以先轉小火，以免手忙腳亂。

Plus1 小祕訣

使用平底鍋專用的鋁箔紙做紙盤

使用平底鍋專用的鋁箔紙，做成兩個約平底鍋 1/3 大小的紙盤，這是為了避免食材的味道相互影響，更重要的是能一鍋到底同時加熱。絞肉及茄子的加熱時間比較長，有鋁箔紙盤墊著也不怕燒焦。

🕐 完整做法全覽，3道菜真的只要10分鐘

1

❶ 小松菜剪成 4cm。

❷ 洋蔥用削皮器削下來。

❸ 兩手手掌額外沾鹽，把秋葵放掌心搓揉，去除絨毛。微波 20 秒，
　 再剪成大約 1cm 小段。

❹ 先用剪刀在茄子上刺一個洞，然後平均剪 6 個切口，最後用手將茄
　 子撕成 6 等分。

2

●●●
中火 2 分鐘

〈沒有鋁箔紙〉

A
- 絞肉
- 沙拉油

〈鋁箔紙盤 1〉

D
- 蛋　・胡椒粉
- 鹽　・乾燥香草

〈鋁箔紙盤 2〉

E
- 小松菜
- 沙拉油

❶ 在 27cm 的平底鍋中，放上兩個鋁箔紙盤。
❷ 在鋁箔紙盤 1 放入 D。
❸ 在沒有鋁箔紙的地方放入 A
❹ 在鋁箔紙盤 2 放入 E。

3

●●●
較強的中火 2 分鐘

- 茄子

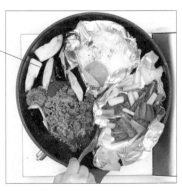

・在沒有鋁箔紙處放入絞肉及茄子，茄子撒上少許鹽（分量外），
用絞肉的油來炒。

🕐 完整做法全覽，3道菜真的只要10分鐘

4

●●●
較強的中火 2 分鐘

B
• 秋葵
• 洋蔥
• 迷你小番茄

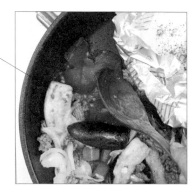

・將 B 入鍋，與絞肉一起拌炒，迷你小番茄壓成泥後一起拌炒。

5

●●●
小火 1 分鐘

C
• 番茄醬
• 中濃醬

F
• 醬油
• 砂糖

❶ 絞肉與蔬菜撥到一邊，C 入鍋在另一邊煮滾，然後再全部一起拌炒。
❷ 將 F 加入小松菜一起拌炒。

6

●●●
中火 30 秒

- 披薩用起司

・將起司鋪在絞肉及蔬菜上面，稍微拌一下。

7

●●●
蒸 30 秒

G
・芥末
・檸檬汁

❶ 關火，然後將G加進來拌一下。
❷ 鋁箔紙盤對折，將荷包蛋包起來，用鍋子餘熱來蒸。

平底鍋 + 微波爐

一鍋到底，
照燒鰤魚便當

8

使用撒直徑 27cm 的平底鍋，就可以同時料理 3 道菜。

照燒鰤魚佐青蔥，風味更上一層樓。

副菜的蔬菜荷包蛋，加上甜豆莢跟玉米粒，滋味更香甜！

配上義大利風味炒綠花椰菜，營養均衡又美味。

....

主菜 濃郁滑嫩的絕佳口感，是懷念的媽媽味

照燒鰤魚

材料（1 人份）

鰤魚…1 塊	A ｜ 砂糖、味醂、酒…各 1 小匙
酒…1 小匙	醬油…1 小匙 +1/2 小匙
長蔥…4cm	
沙拉油…1 小匙	

....

副菜1 繽紛蔬菜讓口感更豐富

蔬菜荷包蛋

材料（1 人份）

蛋…1 顆

B ｜ 甜豆莢…2 根（去豆筋）
冷凍玉米粒…1/2 大匙

C ｜ 鹽、胡椒粉、起司粉…各少許

〔副菜 2〕　番茄酸味是提味亮點,讓味道更加濃郁

義大利風味炒綠花椰菜

材料 (1 人份)

橄欖油或沙拉油…1/2 小匙　　　　D｜鹽、大蒜粉、胡椒粉…各少許
冷凍綠花椰菜…2 至 3 朵　　　　　｜乾燥羅勒…1/2 小匙
迷你小番茄…1 顆

〔飯〕　白飯…150g

(´・ω・`)ノ

不浪費空檔,10 分鐘出菜重點

一鍋到底,全部菜色都用同一個平底鍋就是重點。一開始小火→材料全部下鍋→火力加強、煎炒→加入調味料→最後用較強的中小火加熱 1 至 2 分鐘,如此就不太會搞砸。

── Plus1 小祕訣 ─────────

去除魚腥味

為了去除魚腥味,下鍋前先用酒稍微醃一下,料理時則是魚皮先下鍋,徹底煎熟就不會有腥味。最後起鍋前,務必要用廚房紙巾吸乾多餘的油,這步驟非常重要。

⏰ 完整做法全覽，3道菜真的只要10分鐘

1

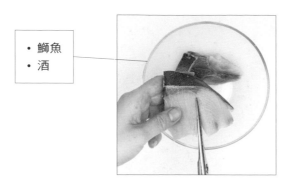

・鰤魚
・酒

・用剪刀將鰤魚剪成 3 等分，用酒醃一下。

2

●●●
小火 2 分鐘

〈鋁箔紙盤 1〉

・蛋

〈鋁箔紙盤 2〉

・橄欖油
・冷凍綠花椰菜
・迷你小番茄

〈沒有鋁箔紙〉

❶ 在直徑 27cm 的平底鍋鋪上 2 個鋁箔紙盤。
❷ 在鋁箔紙盤 1 打一顆蛋。
❸ 在鋁箔紙盤 2 倒入橄欖油加熱。
❹ 將冷凍綠花椰菜微波加熱約 1 分鐘，去除水分後，跟迷你小番茄一起放入鋁箔紙盤 2 拌炒。

3

●●●
中火 2 分鐘

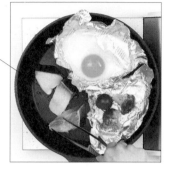

- 沙拉油
- 步驟 1 的鰤魚

❶ 在沒有鋁箔紙的地方刷上一層沙拉油，然後煎鰤魚。
❷ 煎出色澤後，用廚房紙巾吸除多餘的油。

4

●●●
中火 30 秒

B
- 甜豆莢
- 冷凍玉米粒

C
- 鹽
- 胡椒粉
- 起司粉

- 將 B 微波加熱 30 秒，放到荷包蛋上，然後再撒上 C。

🕐 完整做法全覽，3道菜真的只要10分鐘

5

●●●
中火 1 分 30 秒

- 長蔥

- 長蔥用料理剪刀剪成約 1cm 的蔥段，跟鰤魚一起煎。

6

●●●
小火 2 分鐘

D
- 鹽
- 大蒜粉
- 胡椒粉
- 乾燥羅勒

- 將綠花椰菜跟 D 一起拌炒，迷你小番茄壓成泥，繼續拌炒。

7

A
- 砂糖
- 味醂
- 酒
- 醬油

- 用 A 為鰤魚調味，煮到收乾。

8

- 關火，鋁箔紙盤 1 對折，將荷包蛋包起來，用鍋子的餘熱蒸一下。

我愛用的廚房小道具

我實際下廚時會用到的廚房小道具，總計 13 樣，

在這裡一次介紹給大家，

歡迎各位在選購廚房小道具時可以多多參考。

❶ 雙頭計量湯匙：大匙跟小匙都在同一支，內側有標示 1/2 的計量線。底部是平底的，也可以直接放在桌面使用。

❷ 廚具放置架：在料理途中更換用具（例如料理剪刀）時，可以暫放的放置架。建議挑選平底，易拿放工具。

❸ 可微波矽膠蓋：使用微波爐加熱時，就可以代替保鮮膜，如此能縮短加熱時間也較環保。蓋子上有透氣孔，看起來就像鼻孔，很有趣。

❹ 直徑 14cm 平底鍋：導熱快又好清洗，要製作兩人份的便當菜也很夠用。

❺ 料理夾：要處理魚或肉的時候可以用料理夾。前端細尖，很薄的肉片也能輕鬆夾取。

❻ 削片器：用來將長蔥或小黃瓜等削成薄片的器具。我很滿意不占空間這點，通常除了削片，也會附有可以刨絲的刨刀供替換。

❼ 削皮器：跟一般 T 字型削皮器不同，這種握把型更順手，可以直接將食材削入平底鍋或料理碗，非常方便。

❽ 料理剪刀：可拆卸清洗是最大優點。拆卸後單邊可以當作小刀使用，刀背也可以用來敲肉。

❾ 木匙：不會傷害平底鍋的不沾塗層，也不會刮傷玻璃器具。既可以拌炒，也可以當成一般餐具，用途廣泛。

⑩ **濾水籃：**選可以送進微波爐加熱的材質。底部是平的，側邊的斜面方便集中食材，也有標示計量線，非常好用。

⑪ **矽膠料理匙：**原本是寶寶副食品專用的湯匙。湯匙前端可以壓平，要汲取少量醬汁，或將醬料加在食物上時很實用。

⑫ **14cm 耐熱玻璃料理碗：**搭配可微波矽膠蓋或保鮮膜都很適合，裡面裝了什麼一目瞭然，很方便。

⑬ **烤盤：**有不沾塗層的不沾烤盤。小尺寸應用範圍廣，不論是弄荷包蛋或者烤魚片都很方便。

Part 2

雞、豬、牛、魚
輪流當主食，
天天吃便當也不膩

主菜可以說是便當的主角，最常見肉類或魚肉。
依照食材種類及調味方式，可以有多種變化組合。

※ 料理時間為每一單品所需的大略時間。

雞肉

(平底鍋)

不需要炒洋蔥！ 10 分鐘內做出超濃郁咖哩

奶油咖哩雞肉

料理時間
8 分鐘

材料（ 1 人份 ）

雞腿肉…90g
洋蔥…20g
香草鹽…1/3 小匙
（ 或一般的鹽…少量 ）
胡椒粉…少量
沙拉油…1/2 小匙
迷你小番茄…2 顆

A | 奶油（ 軟管 ）…10cm
　 | 蒜泥、薑泥（ 軟管 ）…各 1cm
　 | 咖哩粉…1 小匙

披薩用起司…1 大匙（ 10g ）
或依喜好
鮮奶油…1 小匙
或依喜好

做法

1 用削皮器削下洋蔥。
2 將雞肉剪成 6 至 7 等分，再撒上香草鹽跟胡椒粉。
3 倒入沙拉油熱鍋，雞肉下鍋開始煎約 4 分鐘，注意均勻受熱。
4 雞肉全都煎上色了以後，用廚房紙巾吸除多餘油脂。
5 將雞肉撥到鍋子邊邊，加入做法 1 的洋蔥及材料 A，迷你小番茄
　 入鍋壓爛，然後一起拌炒。
6 據喜好加入起司、鮮奶油，全部食材一起拌炒。

雞肉

（平底鍋）（微波爐）

蒟蒻入味，簡易日式筑前煮風味

日式燉雞肉蒟蒻

料理時間
10 分鐘

材料（1 人份）

雞腿肉…90g
蒟蒻…50g
水…300ml

A│乾香菇切片…切 4 片
　柴魚片…2g
　醬油…1/2 大匙
　味醂…1 大匙
　砂糖…1 小匙
　薑泥（軟管）…1cm
　水…50ml

做法

1 蒟蒻用手撕或剪成一口大小，放入耐熱碗中。

2 加水，然後送進微波爐加熱約 2 分鐘。

3 利用蒟蒻加熱的空檔，將雞肉剪成 6 至 7 等分，然後將雞肉和材料 A 一起下鍋，用較強的中大火加熱。

4 加熱過後的蒟蒻要沖冷水，再用濾水籃去除水分後下鍋，跟其他食材一起用較強的中大火煮 7 分鐘。

雞肉

(平底鍋)

粉色的奧羅拉醬也很下飯唷！

南蠻雞

料理時間
9 分鐘

材料（1人份）

雞腿肉…90g
胡椒粉…少量
蒜泥、薑泥（軟管）…各 1cm
蛋液、太白粉…各 1 大匙
沙拉油…1 大匙

A | 味醂、醋…各 1/2 大匙
醬油、砂糖、中濃醬、
番茄醬…各 1/2 小匙

B | 美乃滋…1 小匙
檸檬汁…1/2 小匙
（若有的話）

做法

1 雞肉剪成 6 至 7 等分，裝進塑膠袋裡，加入胡椒粉、蒜泥、薑泥搖晃均勻，
再加入蛋液搖晃混合，再倒入太白粉搖晃均勻。
2 用沙拉油熱鍋，再將做法 1 的雞肉下鍋，先煎雞皮那面約 2 分鐘，然後翻面
再煎 2 分鐘。
3 用廚房紙巾吸去多餘油脂，加入材料 A 與雞肉一起拌炒。
4 先從平底鍋中取出雞肉，再將材料 B 入鍋煮一會兒，醬汁煮滾後淋在雞肉
上，拌勻即完成。

雞肉

（平底鍋）

分量十足炸雞排，讓男性也歡喜

炸雞柳

料理時間
10分鐘

材料（1 人份）

雞柳…1 條
鹽、胡椒粉…各少量
麵粉…少量
蛋液…2 小匙
麵包粉…2 大匙
乾燥羅勒…少量（若有的話）
沙拉油…2 大匙

A｜迷你小番茄…1 顆
　｜中濃醬…1/2 大匙

做法

1 鋪一張廚房紙巾（保鮮膜也可以），將雞柳對切剪開，以 1cm 的間隔順紋切。然後拆開剪刀，使用單刀的刀背將雞柳敲薄。
2 雞柳兩面依序抹上鹽→胡椒粉→麵粉→蛋液→麵包粉→乾燥羅勒。
3 用沙拉油熱鍋，將做法 2 的雞柳下鍋半煎炸，每面約 1 分 30 秒。
4 將雞柳從平底鍋取出，用剪刀剪成等分後裝盤。
5 用廚房紙巾吸去平底鍋中多餘的油脂後，倒入材料 A，迷你小番茄也下鍋並壓成泥，全部煮滾以後醬汁就淋在炸雞柳上。

雞肉

⟮ 微波爐 ⟯

只要充分加熱食材，親子丼也可以帶便當

微波爐親子丼

材料（1 人份）

雞腿肉…70g

A | 柴魚片…1g
　 | 醬油、味醂、砂糖
　 | …各 1 小匙

太白粉…少量
洋蔥…15g
蛋…1 顆
荷蘭豆…依喜好（先微波
加熱約 10 秒，再用剪刀
剪成約 0.7cm 等分即可）

做法

1 洋蔥用削皮器削下。
2 雞肉剪成 6 至 7 等分，放入耐熱碗中，
　加入材料 A 並拌勻，再加入太白粉搖晃
　均勻→洋蔥拌勻。
3 微波加熱約 1 分鐘。
4 將雞肉移到耐熱碗中的一角，空出來的
　空間打一顆蛋下去，然後把蛋液跟雞肉
　拌勻，直到全部材料都混合後，微波加
　熱約 40 秒。
5 完成做法 4 之後，輕輕攪拌耐熱碗裡的
　食材，再微波 30 秒。最後用筷子或湯匙
　確認雞肉的熟度，確定都有熟就完成了。
　荷蘭豆可隨意自由裝飾。

料理時間
7分鐘

豬肉

（平底鍋）（微波爐）

油脂豐富的豬五花肉片搭配酸味蔥醬，滋味清爽！

蔥醬豬五花肉片

料理時間
7分鐘

材料（1 人份）

薄切豬五花肉片⋯3 片（約 70g）
長蔥⋯4cm
太白粉⋯1/2 小匙至 1 小匙
胡椒粉⋯少量

A｜雞湯粉⋯1/4 小匙
　｜醋、味醂、芝麻油⋯各 1 小匙
　｜檸檬汁⋯1/2 匙

做法

1 將長蔥直拿，用廚房剪刀在蔥白底部剪一個十字開口，再橫放，就可以剪碎蔥白。

2 每片豬五花肉都剪成 3 等分。

3 將剪好的豬五花肉片裝進塑膠袋後，加入太白粉搖晃均勻。

4 倒油熱鍋，熱鍋空檔再加入少量胡椒粉到做法 3 的袋子裡，搖勻之後取出豬五花肉片，下鍋煎約 4 分鐘。期間可用廚房紙巾吸走多餘油脂。

5 將材料 A 及做法 1 的碎蔥倒入耐熱料理碗中，拌勻之後微波加熱約 1 分鐘，最後把醬汁跟步做法 4 拌勻就完成了。

豬肉

平底鍋

香料香氣迷人，時尚千層炸豬排

義式香料炸豬排

料理時間
10分鐘

材料（1 人份）

豬里肌肉片…3 至 4 片（約 80g）
鹽…少量
胡椒粉、麵粉…各少量
蛋液…2 小匙

A｜起司粉、麵包粉…各 1 大匙
　｜乾燥羅勒…1 小匙
　｜蛋液…2 小匙

沙拉油…1/2 大匙
中濃醬…適量（依喜好）

做法

1 先拿一片豬肉，一面撒鹽之後再疊上另一片，然後兩面都依序抹上胡椒粉、
　麵粉、蛋液，抹勻之後，再重複方才的順序。全部疊完後再倒上材料 A，整
　個浸泡均勻。

2 用沙拉油熱鍋，將做法 1 的千層豬排下鍋，每一面煎 2 分鐘，兩面都煎過以
　後，再續煎約 3 分鐘。

3 用剪刀將豬排剪成等分，然後依自己喜好淋上中濃醬即可。

豬肉

〔平底鍋〕

甜味、鹹味、酸味，各種滋味交織而成的美味

紫蘇起司夾心豬排

料理時間
8 分鐘

材料（1 人份）

豬里肌肉片…2 片（約 40g）

起司片…2/3 片

紫蘇葉…2 片

梅肉醬（軟管）…1cm

胡椒粉…少量

沙拉油…1/2 小匙

薑泥（軟管）…1cm

A｜酒、味醂…各 1 小匙
　｜醬油、砂糖…各 1/2 小匙

做法

1 起司片剪成 3 等分。

2 在紫蘇葉放上做法 1，再塗上梅
　肉醬，然後捲起紫蘇葉。

3 將豬肉攤平，先撒一點胡椒粉，然後放上做法 2
　的紫蘇葉捲，再把豬肉整個捲起來。開口處可以
　用料理夾或湯匙壓平，確保肉捲不會散開。

4 用沙拉油熱鍋，將做法 3 的豬肉捲加上薑泥後煎約 2 分鐘，翻面再煎約 1
　分鐘。

5 廚房紙巾去除鍋中多餘的油脂，加入材料 A 後燉煮一會兒。

6 全部煎熟後，用剪刀將豬肉捲剪成等分，再淋上做法 5 的醬汁。

豬肉

(平底鍋)

酸甜滋味，分量十足！一口一個好入口
糖醋炸豬肉片

料理時間
7 分鐘

材料（1 人份）

豬肉片…90g
胡椒粉…少量
蛋液…1 小匙
太白粉…1/2 大匙
沙拉油…1/2 大匙

A ｜ 醋、砂糖、酒、醬油…各 1 小匙
　　薑泥（軟管）…1cm

做法

1 將豬肉片裝進塑膠袋，加入胡椒
　 粉搖晃均勻，再加入蛋液搖勻，
　 最後加入太白粉搖晃均勻。
2 沙拉油熱鍋，將做法 1 的豬肉片
　 下鍋，煎約 2 分鐘後翻面，再煎 2
　 分鐘。
3 用廚房紙巾吸走鍋中多餘油脂，加入材料 A 後再煮約 1 分鐘收乾。

豬肉

（微波爐）

肉汁豐富，非常下飯的甜甜味噌風味

微波爐回鍋肉

料理時間
7 分鐘

材料（1 人份）

豬五花肉片⋯2 片（約 40g）
高麗菜葉⋯1 片（約 30g）
青椒⋯1 顆（約 30g）
鹽、胡椒粉⋯少量
酒⋯2 小匙

A｜ 豆瓣醬⋯1/3 小匙
　　味噌、醬油、砂糖⋯各 1/2 小匙
　　太白粉⋯1/2 小匙

芝麻油或辣油⋯1/3 小匙

做法

1 用手將高麗菜葉及青椒撕成一口大
　小，若是不好撕，也可以改用料理
　剪刀。

2 豬肉剪成約 5cm 等分，再撒上鹽、
　胡椒粉，然後鋪在耐熱料理碗中，注意不要重疊，再加入 1 小匙的酒，微波
　加熱 30 秒。

3 做法 2 完成後，去除多餘水分，再加 1 小匙酒，然後放入高麗菜及青椒，微
　波加熱 1 分鐘。

4 做法 3 完成之後，去除多餘水分，再加入材料 A 拌勻，微波加熱 1 分 30 秒。

5 做法 4 完成後，淋上芝麻油或辣油，攪拌均勻後就完成了。

豬肉

(微波爐)　(平底鍋)

被肉包起來的秋葵，就像驚喜
秋葵金針菇夾心豬排

料理時間
8分鐘

材料（1 人份）

豬五花肉片…2 片（約 40g）

秋葵…1 根

金針菇…10g

鹽、胡椒粉…各少量

沙拉油…1/2 小匙

A｜ 酒…2 小匙
　　砂糖…1/2 小匙
　　橘醋醬油…1 小匙
　　薑泥（軟管）…1cm

B｜ 美乃滋、研磨白芝麻…各 1 小匙

做法

1 用剪刀剪去秋葵的蒂頭，兩手沾
　鹽、搓揉秋葵，去除絨毛。然後放入耐熱料理碗，
　微波加熱 20 秒。

2 取一片豬肉，攤開、撒上胡椒粉，然後將秋葵跟
　金針菇放在中間，再放上另一片豬肉包夾起來。
　之後可用料理夾或湯匙前端，將肉片周圍壓平壓緊。

3 用沙拉油熱鍋，將做法 2 的豬肉下鍋，每面煎約 2 分鐘。

4 豬肉兩面都煎過之後，加入材料 A 再蓋上鍋蓋，燜煮約 2 分鐘。

5 打開鍋蓋，加入材料 B，拌炒約 1 分鐘。

6 起鍋後，用剪刀將豬排剪成等分即可。

牛肉

平底鍋

似正統燴牛肉！配飯吃也對味

日式洋風燴牛肉

料理時間
9 分鐘

材料（1 人份）

牛肉片…80g

A│芹菜…細枝的部分 5cm（約 4g）
　蘑菇…1 至 2 朵
　（可換成鴻喜菇或杏鮑菇）
　洋蔥…20g
　紅蘿蔔…5g

沙拉油…1/2 小匙
胡椒粉…少量

B│奶油（軟管）…6cm
　番茄醬、中濃醬…各 1 小匙 +1/2 小匙
　蜂蜜…少量（若有的話）

迷你小番茄…2 顆

做法

1 將芹菜、洋蔥、紅蘿蔔用削皮器直接削下，蘑菇用手撕成四片。

2 用沙拉油熱鍋，牛肉撒上胡椒粉後下鍋煎約 2 分鐘，開始變色後就加入材料
　A 拌炒。

3 迷你小番茄下鍋，壓成泥一起拌炒，再加入材料 B 炒煮至收乾。

143

牛肉

(平底鍋)

需要補充體力時就選這一道！

簡易版燒肉

料理時間
8 分鐘

材料（1 人份）

牛肉片…90g
洋蔥…30g
沙拉油…1/2 小匙
胡椒粉…少量

A 砂糖…1 小匙
　 酒…1/2 小匙
　 豆瓣醬…1 小匙 +1/2 小匙
　 醬油…1 小匙
　 蒜泥（軟管）…1cm

做法

1 用削皮器削洋蔥。

2 沙拉油熱鍋，牛肉及洋蔥下鍋，
　撒胡椒粉，拌炒約 2 分 30 秒。

3 用廚房紙巾去除鍋內多餘油脂，
　加入材料 A 後，煎煮約 2 分 30 秒至醬汁收乾。

牛肉

(平底鍋)

和風食材搭配西式調味！

洋食風燉牛肉牛蒡

料理時間
8 分鐘

材料（1 人份）

牛肉片…60g
長蔥…蔥綠 10cm（若蔥白就 5cm）
胡椒粉…少量
沙拉油…1/2 小匙
冷凍牛蒡…20g

A｜紅酒…1 大匙
　｜伍斯特醬、醋、醬油…各 1/2 小匙
　｜味醂…1 小匙
　｜蒜泥（軟管）…1cm

做法

1 長蔥剪成 1cm 等分。
2 沙拉油熱鍋，牛肉撒上胡椒粉後下
　鍋拌炒約 2 分鐘。
3 用廚房紙巾去除鍋內多餘的油脂，冷凍牛蒡下鍋拌炒約 2 分鐘。
4 加入材料 A 後，繼續拌煮至醬汁收乾。

牛肉

（平底鍋）

滑嫩蛋衣裹住清脆蘆筍
滑蛋牛肉蘆筍

料理時間
10 分鐘

材料（1 人份）

蘆筍…2 根
蛋液…約 1 顆（當中舀 1 小匙加入 A）

A │ 牛肉…80g
　 │ 蛋液…1 小匙
　 │ 蒜泥（軟管）…1cm
　 │ 酒、醬油…各 1/2 小匙
　 │ 太白粉…1/2 小匙
　 │ 胡椒粉…少量

沙拉油…1/2 小匙

B │ 蠔油、砂糖、醬油…各 1/2 小匙
　 │ 酒…1 小匙

做法

1　將蘆筍斜剪成約 1cm 小段。
2　將材料 A 充分攪拌均勻，放著醃 2 分鐘。
3　用沙拉油熱鍋，將做法 2 下鍋煎約 1 分 30 秒，肉片翻面後加入蘆筍，繼續
　　拌炒約 1 分 30 秒。
4　用廚房紙巾去除多餘的油脂，加入材料 B 後拌炒 1 分 30 秒。
5　加入蛋液，一邊觀察蛋的熟度，一邊讓肉及蘆筍均勻裹上蛋液，拌炒約 1 分
　　30 秒即可。

絞肉

(平底鍋)

老少咸宜，大家都愛的王牌便當菜！
燉煮漢堡排

料理時間
9 分鐘

材料（1 人份）

A | 牛豬混合絞肉…60g
　 | 嫩豆腐…30g
　 | 洋蔥、紅蘿蔔…各 1 小匙（磨成泥）
　 | 麵包粉…1 大匙
　 | 鹽…1 小撮（約 1g）
　 | 胡椒粉…少量
　 | 蛋液…1 大匙

沙拉油…1/2 小匙
紅酒…1 大匙（料理酒也可以）
中濃醬、番茄醬…各 1 小匙
披薩用起司…5g

做法

1 將材料 A 裝入塑膠袋裡然後揉捏，使裡面的食材均勻混合。

2 隔著塑膠袋將裡面的餡料分成兩塊，然後捏勻成形（參照 P.48 的做法）。

3 剪開塑膠袋，取出已經分成兩塊的漢堡肉餡。

4 用沙拉油熱鍋，將做法 3 下鍋，煎至兩面變色。

5 加入紅酒，蓋上鍋蓋蒸 3 分鐘。

6 加入中濃醬、番茄醬燉煮，可以在漢堡排上撒起司，並蓋上鍋蓋讓起司融化。

絞肉

(微波爐)　(平底鍋)

西式馬鈴薯燉肉，很適合拌義大利麵

番茄馬鈴薯燉絞肉

料理時間
8 分鐘

材料（1 人份）

牛豬混合絞肉…60g
洋蔥…20g
馬鈴薯（小顆的）…1 顆（約 50g）
沙拉油…1/2 小匙
迷你小番茄…3 顆

A｜ 日式白高湯…1/2 小匙
　｜ 砂糖、味醂、醬油…各 1 小匙
　｜ 酒…1 大匙

做法

1 洋蔥用削皮器削下。
2 馬鈴薯用廚房紙巾包起來，稍微撒
　上一點水，然後放進耐熱料理碗，
　微波加熱 2 分鐘。取出稍微降溫
　後，將馬鈴薯剪成 4 等分。
3 用沙拉油熱鍋，絞肉平鋪在平底鍋中，煎 2 分鐘讓絞肉上色。
4 迷你小番茄下鍋，壓成泥後加入洋蔥及做法 2 的馬鈴薯，跟絞肉一起拌炒。
5 加入材料 A，拌炒均勻後煮至醬汁收乾。

絞肉

微波爐　平底鍋

梅子提味，和風咖哩的隱藏角色！

梅子風味乾咖哩

料理時間
10 分鐘

材料（1 人份）

豬絞肉…60g
洋蔥…20g
乾燥羊栖菜…1 小匙（約 1g）
水…約 250ml（水位淹過食材）
沙拉油…1/2 小匙

A｜綜合沙拉豆…20g
　｜胡椒粉…少量
　｜薑泥（軟管）…1cm

B｜酒、番茄醬、咖哩粉、中濃醬
　｜…各 1 小匙
　｜梅乾…1/2 個
　｜（約 7g，用剪刀剪小顆）

做法

1 洋蔥用削皮器削下。
2 將羊栖菜放入耐熱料理碗後加水，微波約 2 分鐘。加熱完用濾水籃瀝水。
3 用沙拉油熱鍋，絞肉平鋪在平底鍋中，煎 2 分鐘讓絞肉上色。
4 將洋蔥、羊栖菜、材料 A 加入鍋中，跟絞肉一起拌炒。
5 用廚房紙巾吸走鍋中多餘油脂，將鍋中食材撥到一邊，在空出來的地方加入
　材料 B，煮滾後再整體拌炒均勻。

絞肉

(平底鍋)

有蔬菜有起司，口感多變又豐富
蔬菜雞肉漢堡排

料理時間
10 分鐘

材料（1 人份）

雞絞肉…60g
起司…1 塊（約 15g）
嫩豆腐…30g
紅蘿蔔、洋蔥…各 1 小匙（磨成泥）
冷凍玉米粒…1 大匙（約 8g）
顆粒高湯粉…1/3 小匙
太白粉…1/2 小匙
胡椒粉…少量
沙拉油…1/2 小匙

做法

1 起司剪成 8 等分小塊。

2 除了沙拉油以外，所有材料都放
  到耐熱料理碗中，用湯匙拌勻，
  然後分成 3 塊肉餡。

3 用沙拉油熱鍋，肉餡下鍋，每一面各煎 2 分鐘。確認熟
  度，再繼續煎 1 分 30 秒。

4 加入 1 大匙水（分量外），蓋上鍋蓋，蒸煎 2 分 30 秒。

絞肉

微波爐

鹹甜的肉末，是配白飯的最佳飯友

微波爐雞肉末

料理時間
5 分鐘

材料（1 人份）

雞絞肉…60g
酒…1 小匙

A｜味醂…2 小匙
　｜砂糖、醬油…各 1 小匙
　｜薑泥（軟管）…1cm

做法

1 將絞肉及酒放入耐熱料理碗中
　拌勻，微波加熱約 30 秒。
2 用廚房紙巾去除多餘的汁水，
　加入材料 A 拌勻，微波加熱約
　1 分鐘。
3 再次拌勻後微波加熱約 1 分鐘。
　最後還攪拌均勻。

絞肉

微波爐

蝦仁滑嫩的口感非常討喜！

微波爐蝦雞肉丸

料理時間
8 分鐘

材料（1 人份）

A｜雞絞肉…70g
　油豆腐…1/3 片
　（剪去外層油炸的皮）
　長蔥…5cm
　薑泥（軟管）…1cm
　蠔油、醬油…各 1/2 小匙
　砂糖…1/3 小匙
　太白粉…1 小匙

B｜冷凍蝦仁…2 尾
　（約 25g，已去殼去腸泥）
　酒…1/2 小匙
　胡椒粉…少量

做法

1 將長蔥擺直，用剪刀在蔥白底部剪一個十字開口，再橫
　放，就可以剪碎蔥白。蝦仁用活水洗淨。

2 將材料 B 放入耐熱料理碗，微波加熱約 30 秒。

3 將材料 A 放入耐熱料理碗，將碗中的餡料拌勻（蝦仁太
　大塊的話，用剪刀剪小）。

4 利用兩支湯匙將碗中餡料弄成 3 顆丸子，然後微波加熱約 2 分鐘。

5 取出碗，將碗中的丸子翻面，再度送進微波加熱約 1 分鐘。

讓相機先吃的便當擺盤法

經常有人問我便當的擺盤訣竅是什麼？
我就來介紹一下，平常我都是怎麼裝便當的吧。
為了避免熱菜會有所影響，
我都會先把飯菜放涼以後再開始裝。

白飯要像階梯一樣分高低層

主菜底下鋪一層薄薄的白飯，如此一來，主菜比較不會亂動。主菜
與白飯之間，我會放紫蘇葉隔開，視覺上比較整潔、味道也香。

先決定好主菜與
副菜的擺放位置

將白飯、主菜、2 道
副菜分成 3 個區塊，
擺放的時候不要互相
干擾。通常雞蛋以外
的菜色容易沾附味
道，因此我會利用烘
焙用小紙杯當作容器
隔開。

讓相機先吃的便當擺盤法

白飯 ——————————

主菜 ——————————

副菜 ——————————

菜色裝好裝滿，頂端稍微強調一下立體感

菜色裝好裝滿、塞得像座小山也沒關係，不過菜色頂端的部分要稍微
修飾一下，強調立體感。最後額外放上一顆小番茄就大功告成。

我最喜歡的燕麥米及紫米

我很喜歡燕麥米及紫米，所以經
常會跟白米一起煮，也會配合菜
色，白米、胚芽米、燕麥米、紫
米等輪流交替使用。

將煮好的飯分裝，小分量冷
凍更好活用

由於丈夫不喜歡紫米，因此我都
只煮自己要的分量，再分裝冷凍
起來。早上要用時微波加熱一下
就好。Ziploc 的保鮮盒我用得很
順手，好用又方便。

七彩珠寶盒，菜色組合範例

酸甜滋味的南蠻雞，搭配家常味的和風配菜。肉、蔬菜、雞蛋兼備，營養均衡又美味。
便當盒：日本 SABU HIROMORI「HOMEMADE」系列抗菌單層便當盒，米色。

P.134
南蠻雞

P.185
菠菜拌海苔

P.204
鴨兒芹香菇蛋

P.141
微波爐回鍋肉

重口味的回鍋肉非常下飯，主菜與副菜都有加蔬菜，
最適合補充纖維營養。
便當盒：Skater 鋁製行李箱便當盒，600ml，銀色。

P.205
烤荷包蛋

P.190
炒甜椒蘆筍佐芥末籽醬

P.187
小松菜拌豆皮

香氣四溢的乾咖哩，搭配清爽提
味的梅子，還有日式和風的炸豆
皮、西式風味的奶油南瓜，整個
便當的味道多元豐富。
便當盒：ZEBRA 不鏽鋼製橢圓
便當盒，15cm。

P.193
奶油南瓜燒

P.149
梅子風味乾咖哩

鮭魚

(平底鍋)

香香鮭魚搭配清爽的酸橘醋洋蔥，食慾大開！

奶油風味醋溜洋蔥鮭魚

料理時間
6 分鐘

材料（1 人份）

生鮭魚…1 塊（約 90g）

洋蔥…20g

鹽、胡椒粉…各少量

麵粉…1 小匙

沙拉油…1/2 小匙

A ｜ 橘醋醬油…1/2 大匙
　｜ 奶油（軟管）…6cm
　｜ 酒…1 小匙

做法

1 洋蔥用削皮器削下。

2 將鮭魚剪成 3 至 4 等分，放入塑
　膠袋，加鹽及胡椒粉後搖晃均勻。

3 用沙拉油熱鍋，將做法 2 的鮭魚
　魚皮部分先下鍋，煎 2 分鐘後翻面，再煎 1 分鐘。

4 用廚房紙巾去除鍋內多餘的油脂，加入洋蔥及材料 A 後拌炒均勻即完成。

鮭魚

平底鍋

咖哩香氣濃郁，辛香料非常提味

南蠻漬煎鮭魚

料理時間
10 分鐘

材料（1 人份）

生鮭魚…1 塊（約 90g）
芹菜葉…1 片（或是把芹菜莖切薄也可以）
紅蘿蔔…5g
洋蔥…20g
橄欖油…1/2 大匙

A │ 咖哩粉…1/2 小匙
　 │ 麵粉…1 小匙

沙拉油…1 大匙

B │ 芥末籽醬…1/2 小匙
　 │ 咖哩粉…1/2 小匙
　 │ 蒜泥（軟管）…1cm
　 │ 醋或是白酒醋…1 大匙 +1/2 大匙

做法

1 芹菜葉撕成小片，用削皮器削洋蔥及紅蘿蔔。
2 鮭魚剪成 3 至 4 等分，放進塑膠袋，加入材料 A 後搖晃均勻。
3 用沙拉油熱鍋，將做法 2 的鮭魚魚皮部分先下鍋，煎炸 2 分 30 秒，中途記得翻面。
4 用廚房紙巾去除鍋內多餘油脂，將鮭魚撥到一邊，芹菜葉及橄欖油下到鍋中的空位拌炒。
5 材料 B 下鍋，整體一起拌炒至醬汁收乾。

鮭魚

（ 平底鍋 ）

香料的香氣及麵包粉的酥脆口感大加分
粉煎鮭魚

料理時間
10 分鐘

材料（1 人份）

生鮭魚⋯1 塊（約 90g）

A｜ 香草鹽⋯1/2 小匙
　　 （普通的鹽也可以，少量）
　　 胡椒粉⋯少量

美乃滋⋯1/2 大匙

B｜ 麵包粉⋯1 大匙
　　 起司粉、乾燥羅勒⋯各 1 小匙

沙拉油⋯1/3 小匙

做法

1 鮭魚剪成 3 至 4 等分，放進塑膠袋，加入材料 A 後搖晃袋子、均勻混合。再加入美乃滋→搖袋子→加入材料 B →搖袋子。

2 用平底鍋專用的鋁箔紙鋪在平底鍋上，塗上一層沙拉油，做法 1 的鮭魚魚皮先下鍋，不用太頻繁翻面，煎約 2 分 30 秒。

3 確認鮭魚有煎熟之後，連著鋁箔紙整個一起移到烤箱烤盤，送進烤箱烤 5 分鐘即完成。

鮭魚

（微波爐）（平底鍋）

鬆軟馬鈴薯搭配奶油和起司，就是最佳配角

奶油馬鈴薯鮭魚起司燒

料理時間
8 分鐘

材料（1 人份）

生鮭魚…1 塊（約 90g）

馬鈴薯…50g

酒…1 小匙

香草鹽…1/4 小匙

（普通的鹽也可以，少量）

胡椒粉…少量

麵粉…1/4 小匙

沙拉油…1/2 小匙

奶油（軟管）…10cm

醬油…1/2 小匙

披薩用起司…1 大匙（約 10g）

做法

1 馬鈴薯用廚房紙巾包起來，稍微撒
　利用撒上一點水，然後放進耐熱
　料理碗，微波加熱 2 分鐘。取出
　稍微降溫後，用剪刀剪成 4 等分。

2 鮭魚剪成 3 至 4 等分，淋上酒稍微拌一下，然後放著醃 1 至 2 分鐘。

3 將做法 2 的水分用廚房紙巾擦乾，然後跟香草鹽、胡椒粉一起放入塑膠袋搖
　晃，再加入麵粉後搖晃塑膠袋使之均勻。

4 沙拉油熱鍋，做法 3 的鮭魚魚皮先下鍋，煎 2 分鐘後翻面，再煎 1 分鐘。

5 用廚房紙巾去除鍋內多餘的油脂，做法 1 的馬鈴薯及奶油都下鍋，拌炒 1 分
　30 秒。

6 淋上醬油後將火力調大，燒一下醬油的香氣，然後放上起司、蓋上鍋蓋後關
　火，用鍋子的餘熱讓起司融化。

鮭魚

(平底鍋)

享受柑橘醬的酸爽風味
醬燒鮭魚佐柑橘醬

料理時間
7 分鐘

材料（1 人份）

生鮭魚⋯1 塊（約 90g）
酒⋯1 小匙
鹽、胡椒粉⋯各少量
麵粉⋯1/2 小匙
沙拉油⋯1/2 小匙

A | 柑橘醬、醬油⋯各 1/2 小匙
  | 檸檬汁⋯1 小匙
  | 奶油（軟管）⋯6cm
  | 蒜泥（軟管）⋯1cm

做法

1 鮭魚剪成 3 至 4 等分，加酒，放
　著醃 1 至 2 分鐘。

2 用廚房紙巾擦乾鮭魚的水分，然
　後放進塑膠袋。加鹽、胡椒粉混
　合，再加入麵粉搖晃袋子，讓鮭
　魚均勻裹粉。

3 用沙拉油熱鍋，做法 2 的鮭魚魚皮先下鍋煎 2 分鐘，翻面後再繼
　續煎 1 分鐘。

4 用廚房紙巾吸走鍋內多餘油脂，加入材料 A 後拌炒均勻。

鮭魚

（平底鍋）

外層的蛋衣讓鮭魚口感更滑嫩，飽足感也加分！

義式風味嫩煎鮭魚

料理時間
8 分鐘

材料（1 人份）

生鮭魚…1 塊（約 90g）

酒…1 小匙

A｜辣椒粉、大蒜粉、鹽、
　｜胡椒粉、麵粉…各 1/2 小匙

B｜蛋液…1 大匙
　｜起司粉…1/2 大匙至 1 大匙

沙拉油…1 小匙

做法

1 鮭魚剪成 3 至 4 等分，加入酒，
　放置醃 1 至 2 分鐘。

2 用廚房紙巾擦乾鮭魚的水分，然
　後放進塑膠袋裡。加材料 A 後搖
　晃袋子，再加入材料 B 搖晃均勻。

3 用沙拉油熱鍋，做法 2 的鮭魚魚皮先下鍋煎 2 分鐘，翻面後再續煎 2 分鐘。

鱈魚

(微波爐) (平底鍋)

番茄風味讓鱈魚變身義式料理主菜

茄汁奶油醬燒鱈魚

料理時間
7 分鐘

材料（1 人份）

生鱈魚…1 塊（約 90g）
香草鹽…1/3 小匙
（普通的鹽也可以，少量）
胡椒粉…少量
麵粉…1/4 小匙
迷你小番茄…2 顆
沙拉油…1/2 小匙

A │ 奶油（軟管）…10cm
  │ 大蒜（軟管）…1cm

做法

1 鱈魚剪成 3 等分，裝進塑膠袋，
  加入香料鹽後搖晃袋子，再加入
  麵粉搖晃袋子（鱈魚肉質較柔軟，
  不要搖太大力避免肉碎裂）。

2 用剪刀剪開迷你小番茄，放進耐
  熱料理碗，微波加熱約 30 秒。

3 用沙拉油熱鍋，做法 1 的鱈魚魚皮先下鍋煎 2 分鐘，翻面之後再繼續煎 1
  分鐘。

4 用廚房紙巾去除鍋內多餘油脂，迷你小番茄及材料 A 下鍋，全部一起拌煮
  至醬汁收乾。

鱈魚

(平底鍋)

芹菜尬蠔油，迸出新滋味
蠔油芹菜醬燒鱈魚

料理時間
7 分鐘

材料（1 人份）

生鱈魚…1 塊（約 90g）
芹菜…10g
（前端較細、帶葉子的部分也可以）
胡椒粉…少量
太白粉…1 小匙
沙拉油…1/2 小匙

A ｜ 番茄醬…1 小匙
　　蠔油、檸檬汁…各 1/2 小匙
　　酒…1 大匙

做法

1 芹菜的葉子手撕成小片，細梗的
  部分用剪刀剪成 1cm 等分。
2 鱈魚剪成 3 等分，裝進塑膠袋，
  加入胡椒粉後搖晃袋子，再加進麵
  粉、搖晃袋子（鱈魚肉質較柔軟，
  不要搖太大力避免碎裂）。
3 用沙拉油熱鍋，做法 2 的鱈魚魚皮先下鍋煎 2 分鐘，翻面之後再繼續煎 1
  分鐘。
4 用廚房紙巾去除鍋內多餘的油脂，做法 1 的芹菜及材料 A 下鍋，全部一起
  拌煮至醬汁收乾。

鱈魚

(平底鍋)

簡單調味卻吃不膩，品嘗鱈魚的柔嫩口感

醬燒嫩煎鱈魚

料理時間
7 分鐘

材料（1 人份）

生鱈魚…1 塊（約 90g）
長蔥…4cm
太白粉…1 小匙
沙拉油…1/2 小匙

A ｜ 橘醋醬油、酒…各 1 小匙
　　柴魚醬油露（2 倍濃縮）…2 小匙
　　薑泥（軟管）…1cm

做法

1 長蔥拿直，用剪刀在蔥白底部剪
　一個十字開口，再拿橫，就可以
　剪碎蔥白。

2 鱈魚剪成 3 等分，裝進塑膠袋、
　加入麵粉後搖晃袋子（鱈魚肉質較
　柔軟，不要搖太大力避免肉碎）。

3 用沙拉油熱鍋，做法 2 的鱈魚魚
　皮先下鍋煎 2 分鐘，翻面後再繼
　續煎 1 分鐘。

4 用廚房紙巾去除鍋內多餘的油脂，做法 1 的碎蔥及材料 A 下鍋，
　全部一起拌煮至醬汁收乾。

鱈魚

（ 平底鍋 ） （ 烤箱 ）

洋蔥的清脆口感是亮點！

美乃滋醬燒鱈魚

料理時間
10 分鐘

材料（1 人份）
生鱈魚…1 塊（約 90g）
洋蔥…10g

A │ 美乃滋…1/2 大匙
　 │ 胡椒粉…少量

鹽、胡椒粉…各少量
麵粉…1/2 小匙

做法

1 用削皮器削下洋蔥，一邊搗碎一
　邊與材料 A 拌勻。

2 鱈魚剪成 3 等分，裝進塑膠袋後
　加鹽及胡椒粉→搖晃袋子→加麵
　粉→搖晃袋子（鱈魚肉質較柔軟，
　不要搖太大力避免碎裂）。

3 用平底鍋專用的鋁箔紙鋪在平底
　鍋上加熱，做法 2 的鱈魚魚皮先
　下鍋煎 2 分鐘，翻面後再 3 續煎 1 分鐘。

4 鋁箔紙連鱈魚整個拿起來移到烤盤上，將做法 1 的洋蔥、美乃滋
　醬拌進去，然後進烤箱加熱 5 分鐘。

鰤魚

(平底鍋)

促進食慾的醬燒色澤非常誘人

奶油醬燒鰤魚

料理時間
8 分鐘

材料（1 人份）

鰤魚…1 塊（約 90g）
酒…1 小匙
蒜泥（軟管）…1cm
胡椒粉…少量
麵粉…1/2 小匙
沙拉油…1/2 小匙

A | 奶油（軟管）…6cm
　 | 蠔油、砂糖、醬油…各 1/2 小匙
　 | 醋…1 小匙

做法

1 鰤魚剪成 3 至 4 等分，加酒醃 1
　 至 2 分鐘。醃過後將鰤魚的汁水
　 用廚房紙巾擦乾淨，再放進塑膠
　 袋裡。加入蒜泥、胡椒粉後搖晃
　 袋子，再加進麵粉、搖晃均勻。

2 用沙拉油熱鍋，做法 1 的鰤魚魚
　 皮先下鍋煎 2 分鐘，翻面後再繼續煎 1 分鐘。

3 用廚房紙巾去除鍋內多餘油脂，材料 A 下鍋，全部一起
　 拌煮至醬汁收乾。

鰤魚

(平底鍋)

濃郁滑順的酸甜醬汁非常開胃

糖醋煎鰤魚

料理時間
10 分鐘

材料（1 人份）

鰤魚…1 塊（約 90g）
酒…1 小匙
薑泥（軟管）…1cm
胡椒粉…少量
太白粉…2 小匙
沙拉油…2 小匙

A│蠔油、醬油、醋…各 1/2 小匙
 │味醂…1 小匙

做法

1 鰤魚剪成 3 至 4 等分，加酒，醃
 1 至 2 分鐘。醃過後用廚房紙巾擦
 乾鰤魚的汁水，然後放進塑膠袋
 裡。加入薑泥、胡椒粉混合，再
 加入太白粉，搖晃袋子使之均勻。

2 用沙拉油熱鍋，做法 1 的鰤魚魚
 皮先下鍋，記得要不時翻面，煎 5
 分鐘。

3 用廚房紙巾吸去鍋內多餘油脂，材料 A 下鍋，全部一起拌煮至醬
 汁收乾。

鰤魚

(平底鍋)

油脂豐富的鰤魚，與濃郁重口的味噌是最佳拍檔

味噌醋燒鰤魚

料理時間
8 分鐘

材料（1 人份）

鰤魚…1 塊（約 90g）

酒…1 小匙

胡椒粉…少量

薑泥（軟管）…1cm

太白粉…1 小匙

沙拉油…1 小匙

A｜醋、味醂、味噌…各 1 小匙
　｜醬油…1/2 小匙

做法

1 鰤魚剪成 3 至 4 等分，加酒，放置醃 1 至 2 分鐘。之後用廚房紙巾擦乾鰤魚的汁水，再放進塑膠袋裡。加胡椒粉、薑泥搖晃混合，再加入太白粉，搖晃袋子讓鰤魚均勻裹覆。

2 用沙拉油熱鍋，做法 1 的鰤魚魚皮先下鍋煎 2 分鐘，翻面之後再繼續煎 1 分鐘。

3 用廚房紙巾去除鍋內多餘油脂，加入材料 A，一起拌煮至醬汁收乾。

鰤魚

（平底鍋）

白芝麻的香氣，為美乃滋增添風味

芝麻美乃滋醬燒鰤魚

料理時間
8 分鐘

材料（1 人份）

鰤魚…1 塊（約 90g）
酒…1 小匙
薑泥（軟管）…1cm
胡椒粉…少量
太白粉…1 小匙
沙拉油…1/2 小匙

A｜豆瓣醬、味噌、砂糖…各 1/2 小匙
　｜味醂…1 小匙
　｜美乃滋…1/2 小匙

研磨白芝麻…1/2 大匙

做法

1 鰤魚剪成 3 至 4 等分，加酒，醃
　1 至 2 分鐘。醃過後用廚房紙巾
　擦乾鰤魚的汁水，放進塑膠袋裡。
　加胡椒粉、薑泥搖晃混合，再加入太白粉，搖晃袋子讓鰤魚均勻裹粉。

2 用沙拉油熱鍋，做法 1 的鰤魚魚皮先下鍋煎 2 分鐘，翻面之後再繼續煎 1
　分鐘。

3 用廚房紙巾去除鍋內多餘油脂，材料 A 下鍋，一起拌煮讓鰤魚入味。

4 撒上研磨白芝麻，全部拌炒均勻即完成。

旗魚

（ 平底鍋 ）

洋蔥醬的清甜滋味令人驚豔

洋蔥醬燒旗魚

料理時間
7 分鐘

材料（1 人份）

旗魚⋯1 塊（約 90g）
胡椒粉⋯少量
太白粉⋯1 小匙
沙拉油⋯1/2 小匙

A｜ 蒜泥（軟管）⋯1cm
　　砂糖、醬油、醋、
　　洋蔥（磨成泥）⋯各 1 小匙
　　酒⋯1 大匙

做法

1 旗魚剪成 4 等分，放進塑膠袋裡。
　加入胡椒粉後搖晃混合，再加太
　白粉搖晃袋子讓旗魚均勻裹覆。

2 用沙拉油熱鍋，做法 **1** 的旗魚下
　鍋，記得要不時翻面，煎 3 分鐘。

3 用廚房紙巾去除鍋內多餘油脂，
　材料 A 下鍋，全部一起拌煮至醬汁收乾。

旗魚

平底鍋

濃郁咖哩味！辛香重口味醬汁

咖哩醬燒旗魚

料理時間
7 分鐘

材料（1 人份）

旗魚…1 塊（約 90g）
胡椒粉…少量
蛋液…1 大匙
太白粉…1 小匙 +1/2 小匙
沙拉油…2 小匙
蘆筍…1 根

A　蠔油、咖哩粉…各 1/2 小匙
　　番茄醬…1 小匙
　　酒…1 大匙

做法

1 蘆筍斜剪成 2cm 等分小段。
2 旗魚剪成 4 等分，放進塑膠袋裡。
　撒入胡椒粉搖晃混合，加入蛋液
　搖晃均勻，再加太白粉，搖晃袋
　子讓旗魚均勻裹覆。
3 用沙拉油熱鍋，做法 2 的旗魚下
　鍋，記得要不時翻面，煎 2 分鐘。
4 用廚房紙巾去除鍋內多餘的油脂，做法 1 的蘆筍下鍋，
　炒 1 分鐘。
5 平底鍋中挪出一點空間，倒入材料 A 炒一下，然後讓醬
　汁跟旗魚、蘆筍一起拌炒入味。

1

七彩珠寶盒，菜色組合範例

打開蓋子就飄出滿滿的咖哩香氣，非常促進食慾的一款便當。綠色綠花椰菜與紅色甜椒，
讓配色更繽紛，看了也開心。
便當盒：日本製竹中鑄鐵鍋造型圓型便當盒 coco pot 黑色，上層 230ml、下層 300ml。

P.182
綠花椰菜拌梅肉醬柴魚片

P.190
甜椒起司燒佐芝麻

P.132
奶油咖哩雞肉

青椒伴隨著薑汁香氣，紅蘿蔔拌芝麻醋酸香提味，是大人口味的配菜；主菜是濃郁風味的茄汁奶油醬燒鱈魚，味道豐富多元。
便當盒：日本 SABU HIROMORI「JUICY JUICE」系列橢圓型單層便當盒，藍色。

P.164
茄汁奶油醬燒鱈魚

P.194
芝麻醋拌紅蘿蔔

P.181
柴魚薑汁青椒

P.182
奧羅拉醬拌綠花椰菜

P.209
紅紫蘇馬鈴薯沙拉

酸甜滋味的糖醋煎鰤魚，配有紅紫蘇酸味的馬鈴薯沙拉，搭在一起，充滿日式和風風味。選用木製便當盒，擺盤時加一片紫蘇葉，儀式感倍增。
便當盒：日本大館工藝社小判便當盒（小）。

P.169
糖醋煎鰤魚

油豆腐可以當主菜，也能做副菜

油豆腐含有豐富的蛋白質，又能增加飽足感，
其實是很健康的食材，
也不會像魚或肉冷了就變硬變難吃，很適合帶便當。

用油豆腐做麻婆豆腐，口感扎實！
油豆腐版麻婆豆腐

材料（1 人份）

豬絞肉…30g
油豆腐…1/3 塊
長蔥…5cm
沙拉油…1 小匙

A｜豆瓣醬…1/2 小匙
　｜蒜泥、薑泥（軟管）
　｜…各 1cm

B｜砂糖、味噌…各 1/2 小匙
　｜醬油…1/3 小匙
　｜酒…1 大匙

做法

1 長蔥拿直，在蔥白底部剪一個十字開口，再拿橫，就可以剪碎蔥白。

2 油豆腐用廚房紙巾包起來，撒一點水後放進耐熱料理碗，微波加熱約 30 秒。取出後稍微放涼，用一張廚房紙巾將油豆腐擦乾，再手撕成 8 小塊。

3 開小火，用沙拉油熱鍋，將做法 1 的碎蔥及材料 A 下鍋，炒到香味散發出來。

4 豬絞肉下鍋，在鍋中將絞肉攤開攤平，煎 2 分鐘讓肉上色。

5 做法 2 的油豆腐下鍋，炒 1 分鐘。

6 加入材料 B，拌炒 1 分鐘，炒均勻。

飽足感滿分又健康美味

豬肉捲油豆腐

材料（1 人份）

豬里肌肉片…2 片（約 40g）
油豆腐…1/3 塊
紫蘇葉…1 片
胡椒粉…少量
梅肉醬（軟管）…2cm
沙拉油…1/2 小匙

A｜薑泥（軟管）…1cm
　｜砂糖、酒、味醂、醬油…各 1 小匙

做法

1 油豆腐用廚房紙巾包起來，撒一點水後放進耐熱料理碗，微波加熱約
　30 秒。取出後稍微放涼，拿一張廚房紙巾將油豆腐擦乾，再用手撕成
　2 小塊。

2 將紫蘇葉縱向剪成兩片。

3 豬肉片撒上胡椒粉，放上半片紫蘇葉，擠 1cm 梅肉醬，再放上油豆腐，
　然後捲起來。照這個順序再做一個豬肉捲油豆腐。

4 用沙拉油熱鍋，將做法 3 的肉捲下鍋，煎 4 分鐘，記得不時翻面。

5 用廚房紙巾去除鍋內多餘的油脂，加入材料 A 後煮至入味，整體攪拌
　均勻。

喜歡泰式河粉味道的人可以試試這道

泰式風味
炒油豆腐

材料（1 人份）

油豆腐…1/2 塊

冷凍蝦仁…2 尾（去殼去腸泥）

豆芽菜…40g

長蔥…10cm（蔥綠的部分）

沙拉油…1 小匙

A｜蠔油、柑橘醬、醬油…各 1/2 小匙
　｜醋…1 小匙

檸檬汁…1/2 小匙

做法

1 冷凍蝦仁用水洗淨及解凍，然後用廚房紙巾擦乾。豆芽菜放入
　耐熱料理碗中，微波加熱約 1 分鐘，用廚房紙巾擦乾。蔥綠用
　剪刀剪成蔥花。

2 油豆腐用廚房紙巾包起來，撒一點水然後放進耐熱料理碗，微
　波加熱約 30 秒。取出後稍微放涼，用一張廚房紙巾將油豆腐擦
　乾，再手撕成 10 小塊。用沙拉油熱鍋，油豆腐下鍋，炒 1 分
　30 秒。

3 蝦仁下鍋，開始變紅之後加入材料 A，拌炒 1 分 30 秒。

4 豆芽菜及蔥花下鍋，炒 1 分鐘。

5 關火，淋上檸檬汁，整體拌均勻。

Part 3

蔬菜、雞蛋、蒟蒻絲，
配菜也超級搶戲

配菜最常使用的就是各種蔬菜跟雞蛋，
依照食材種類及味道搭配，可以有多種變化。

※ 料理時間為每一單品所需的大略時間。

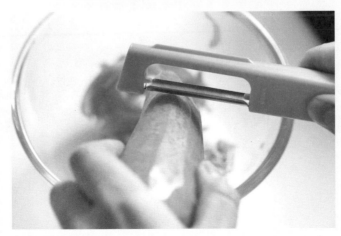

青椒

先將蒂頭往下壓，就可以徒手去除種子。
青椒可以用剪刀剪成青椒絲，或是撕成小片。

（微波爐）

芝麻油的香氣，及鹽味昆布的韻味，讓人一吃上癮

青椒拌鹽昆布

料理時間
3 分鐘

材料（1 人份）

青椒…1 顆（約 30g）
A｜鹽味昆布…1 小匙（1g）
　｜芝麻油、研磨白芝麻…各 1/2 小匙

做法

1 青椒剪成絲，放到耐熱料理碗中，微波加熱約 1 分鐘。
2 用廚房紙巾去除青椒的多餘水分，然後加入材料 A 拌勻。

（微波爐）（烤箱）

奶油風味為金針菇的口感與香氣加分

青椒拌奶油金針菇

料理時間
7 分鐘

材料（1 人份）

青椒…1 顆（約 30g）
金針菇…20g
奶油（軟管）…6cm
A｜雞湯粉…少量
　｜芝麻油…1/3 小匙

做法

1 青椒剪成絲，放到耐熱料理碗中，微波加熱約 1 分鐘。然後用廚房紙巾去除青椒多餘水分。
2 金針菇剪成 3 等分，放上奶油，送進烤箱烤約 5 分鐘。
3 將材料 A 與青椒、金針菇攪拌均勻即完成。

烤箱

青椒的苦味與薑汁的風味，調成大人的口味

柴魚薑汁青椒

材料（1 人份）

青椒…1 顆（約 30g）

芝麻油…1 小匙

A│薑泥（軟管）…1cm
　│柴魚片…1 小撮（約 1g）
　│柴魚醬油露（2 倍濃縮）…1 小匙

料理時間
10 分鐘

做法

1 青椒剪成約 2cm，放進耐熱料理碗中。
2 淋上芝麻油，再送進烤箱加熱約 8 分鐘。
3 做法 2 與材料 A 攪拌均勻即完成。

烤箱

豆瓣醬的辛香非常提味，也適合當下酒菜

青椒茄子味噌燒

材料（1 人份）

青椒…1/2 顆（約 15g）

茄子…1/4 顆（約 20g）

A│豆瓣醬…1/3 小匙
　│研磨白芝麻、美乃滋…各 1 小匙
　│味噌…1/2 小匙

料理時間
10 分鐘

做法

1 將青椒剪成約 2cm 小塊，茄子剪成小塊。
2 將青椒與茄子均勻排放在烤盤上，注意不要重疊，然後淋上材料 A。
3 將做法 2 送入烤箱，中間記得拿出來攪拌均勻一次。加熱時間共 8 分鐘。

綠花椰菜

將冷凍綠花椰菜放在耐熱料理碗中，微波加熱。
加熱後用廚房紙巾去除多餘水分，太大塊的話，就剪成小塊，非常方便。

(微波爐)

梅肉醬與柴魚是變換口味時的好夥伴
綠花椰菜拌梅肉醬柴魚片

料理時間
3 分鐘

材料（1 人份）

冷凍綠花椰菜…3 至 4 個（約 50g）

A｜梅肉醬（軟管）…1cm
　｜柴魚片…1g
　｜雞湯粉…1/4 小匙
　｜醋、芝麻油…各 1/2 小匙

做法

1 綠花椰菜放入耐熱料理碗中，微波加熱約 1 分 30 秒。
2 用廚房紙巾將去除綠花椰菜多餘的水分，然後與材料 A 攪拌均勻。

(微波爐) (烤箱)

酸、甜、辣，交織成濃郁好滋味
奧羅拉醬拌綠花椰菜

材料（1 人份）

冷凍綠花椰菜…3 至 4 個（約 50g）
冷凍玉米粒…1/2 大匙（約 6g）

A｜番茄醬…1/2 小匙
　｜美乃滋…1 小匙
　｜辣椒粉…少量

料理時間
10 分鐘

做法

1 將綠花椰菜與玉米粒放在耐熱料理碗中，微波加熱約 1 分鐘。
2 用廚房紙巾吸走綠花椰菜與玉米粒多餘的水分，加入材料 A 拌勻。
3 將所有食材移到烤盤上，送進烤箱加熱約 5 分鐘。

（ 微波爐 ）

美乃滋與芥末籽醬，重口調味

綠花椰菜拌芥末籽醬金針菇

材料（1 人份）

冷凍綠花椰菜…2 個（約 35g）
金針菇…20g
奶油（軟管）…6cm
雞湯粉…少量

A│芥末籽醬…1/3 小匙
　│美乃滋…1 小匙

料理時間
8 分鐘

做法

1 金針菇剪成 4 等分，放上奶油，送進烤箱烤約 5 分鐘。
2 綠花椰菜放入耐熱料理碗，微波加熱約 1 分 30 秒。
3 用廚房紙巾吸取加熱後綠花椰菜的多餘水分，加入雞湯粉攪拌均勻。
4 再加入做法 1 的金針菇，將綠花椰菜、金針菇與材料 A 一起攪拌混合。

菠菜

冷凍菠菜放入耐熱料理碗，微波加熱。
加熱後，用廚房紙巾去除多餘水分，就是一道營養美味的青菜。

〔微波爐〕

培根的鹹香搭配起司，越嚼越有味
起司培根拌菠菜

料理時間
5 分鐘

材料（1 人份）

冷凍菠菜…30g　洋蔥…10g　培根…1/2 條

A｜起司粉…1 小匙
　｜胡椒粉…少量
　｜橄欖油…1/2 小匙

做法

1 用削皮器削洋蔥，培根手撕成小片。
2 將洋蔥、培根與菠菜都放進耐熱料理碗，微波加熱約 1 分 30 秒。
3 用廚房紙巾吸取多餘水分，加入材料 A 後攪拌均勻。

〔微波爐〕〔烤箱〕

每天吃也不會膩
菠菜拌柴魚片

料理時間
6 分鐘

材料（1 人份）

冷凍菠菜…30g
柴魚片…1g
美乃滋、柴魚醬油露（2 倍濃縮）…各 1/2 小匙

做法

1 冷凍菠菜放入耐熱料理碗，微波加熱約 1 分鐘。
2 利用廚房紙巾去除加熱後的多餘水分，加入美乃滋攪拌均勻之後，再撒上柴魚片。
3 將食材全部移到烤盤中，送進烤箱約 3 分鐘。
4 淋上柴魚醬油露，攪拌均勻即完成。

菠菜與海苔意外合拍，簡單的美味！

菠菜拌海苔

料理時間
3 分鐘

材料（1 人份）

冷凍菠菜…30g　酒…1 小匙

A｜雞湯粉…少量
　　醬油…1/4 小匙
　　醋、芝麻油…各 1/2 小匙

三折海苔…1 片

做法

1 冷凍菠菜放到耐熱料理碗中，撒上酒，微波加熱約 1 分 30 秒。
2 用廚房紙巾吸走菠菜加熱後的多餘水分，加入材料 A，海苔用手撕成小片撒入，最後將食材攪拌均勻即完成。

鮪魚的香甜及芝麻油的香氣是加分重點

菠菜拌鮪魚鹽昆布

料理時間
5 分鐘

材料（1 人份）

A｜冷凍菠菜…30g
　　鮪魚（含鹽的油漬鮪魚）…2 小匙（約 10g）

洋蔥…5g

B｜鹽味昆布…1g　砂糖…1/3 小匙
　　芝麻油…1/2 小匙

做法

1 用削皮器削洋蔥。
2 做法 1 與材料 A 放進耐熱料理碗後，微波加熱約 1 分鐘。
3 用廚房紙巾去除加熱後的多餘水分，加入材料 B 後攪拌均勻。

小松菜

用料理剪刀剪成小段。

平底鍋

充滿蠔油香氣的中式配菜

蠔油炒小松菜

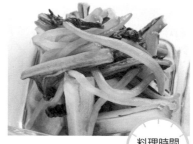

料理時間
5 分鐘

材料（1 人份）

小松菜…1 株（約 40g）

沙拉油…1/2 小匙　豆芽菜…30g

A｜蠔油…少量　雞湯粉…1/4 小匙
　｜檸檬汁、醬油…各 1/2 小匙

做法

1 小松菜剪成約 3cm 等分。

2 沙拉油熱鍋，豆芽菜下鍋後炒 2 分鐘。

3 做法 1 的小松菜下鍋，炒 1 分鐘。

4 加入材料 A，將所有食材拌炒均勻。

微波爐

疲勞時，香酸滋味讓人精神一振

小松菜拌芝麻醋

料理時間
3 分鐘

材料（1 人份）

小松菜…1 株（約 40g）

A｜研磨白芝麻…2 小匙
　｜醋…1/2 小匙　醬油、砂糖…各 1/3 小匙

做法

1 小松菜剪成 2 等分，放到耐熱料理碗中，微波加熱約 1 分鐘。

2 加熱後的小松菜放到濾水籃中沖冷水，將水分擰乾、濾乾，再將小松菜剪成 3cm 小段。

3 將材料 A 與小松菜加在一起，攪拌均勻。

豆皮入味，滿腔香氣讓人越吃越涮嘴

小松菜拌豆皮

材料（1 人份）

小松菜…1 株（約 40g）

油炸豆皮…1/2 片（約 10g）

味醂…1 小匙

A｜薑泥（軟管）…1cm

　｜七味粉…依喜好

　｜柴魚醬油露（2 倍濃縮）…1 小匙 +1/2 小匙

料理時間 6 分鐘

做法

1 小松菜剪成 2 等分，放到耐熱料理碗中，微波加熱約 1 分鐘。

2 將加熱後的小松菜放到濾水籃中沖一下冷水，將水分濾乾，再用剪刀剪成 3cm 小段。

3 油炸豆皮用剪刀剪成細條，放到烤盤中，淋上味醂，送進烤箱烤約 3 分鐘。

4 將材料 A 與小松菜、油炸豆皮一起攪拌均勻。

微波爐

香菇及柴魚，充滿和風高湯風味

小松菜拌香菇佐柴魚

料理時間 5 分鐘

材料（1 人份）

小松菜…1 株（約 40g）

A｜香菇…1 朵

　｜柴魚片…1g

　｜味醂、醬油、水…各 1 小匙

做法

1 小松菜剪成 2 等分。香菇柄用手扭下撕開、菇傘剪成 0.5cm 小片。

2 將材料 A 放到耐熱料理碗攪拌均勻，再放小松菜（先不用攪拌），然後送進微波爐，一起加熱約 1 分 30 秒。

3 加熱完畢後，取出小松菜，放到濾水籃中沖冷水後，將水分濾乾，再將小松菜剪成 3cm 小段。

4 將小松菜與醬料加在一起拌勻。

高麗菜

高麗菜葉都先手撕成小片，粗梗的部分可以斜剪成小段。

微波爐

老少咸宜！大家都喜歡的清爽美乃滋鮪魚

胡麻醬鮪魚高麗菜

料理時間
3 分鐘

材料（1 人份）

高麗菜葉…1 片（30g）

A｜ 鮪魚（含鹽油漬鮪魚）…2 小匙（10g）
　｜ 橘醋醬油、美乃滋…各 1 小匙
　｜ 研磨白芝麻…2 小匙

做法

1 高麗菜放到耐熱料理碗中，微波加熱約 1 分鐘。
2 用廚房紙巾去除高麗菜加熱後的多餘水分，再加入材料 A 拌勻。

微波爐

柚子香氣讓味道更顯風雅

柚香高麗菜

材料（1 人份）

高麗菜葉…1 片（30g）

紅蘿蔔…10g

A｜ 日式白高湯…1/2 小匙
　｜ 醋…1 小匙
　｜ 柚子胡椒（軟管）…0.5cm

料理時間
4 分鐘

做法

1 用削皮器削紅蘿蔔。
2 將紅蘿蔔與高麗菜一起放到耐熱料理碗，微波加熱約 1 分 30 秒。
3 用廚房紙巾吸取加熱後的多餘水分，再加入材料 A 拌勻。

享受檸檬的清爽與香氣

檸香高麗菜

材料（1 人份）

高麗菜葉…2 片（約 60g）
沙拉油…1/2 小匙
A｜檸檬汁、雞湯粉、芝麻油、胡椒粉…各少量

料理時間
9 分鐘

做法

1 將高麗菜與沙拉油拌勻，放進烤盤，送進烤箱加熱約 7 分鐘。
2 將高麗菜與材料 A 拌勻即完成。

微波爐

吸飽湯汁精華的炸屑堪稱人間美味

柴魚風味高麗菜

材料（1 人份）

高麗菜葉…1 片（30g）
竹輪…1/2 條
味醂…1 小匙
乾燥櫻花蝦…1g
A｜炸屑…1 大匙（2g）
　　柴魚醬油露（2 倍濃縮）…1 小匙
　　美乃滋…1/2 小匙

料理時間
4 分鐘

做法

1 竹輪剪成小段，放到耐熱料理碗中，淋上味醂後拌勻。
2 將高麗菜及櫻花蝦加進耐熱料理碗中，微波加熱約 1 分鐘。
3 加熱完畢後，用廚房紙巾吸取多餘水分，再加入材料 A 攪拌均勻。

甜椒

用剪刀從蒂頭刺一刀，然後剖開甜椒，
就可以將甜椒剪成小塊，或者用手撕。

烤箱

芥末籽醬更能引出甜椒的甜味

炒甜椒蘆筍佐芥末籽醬

料理時間
8 分鐘

材料（1 人份）

紅甜椒…1/6 個（約 20g）

洋蔥…10g　蘆筍…1 根

A｜鹽、胡椒粉…各少量
　　芥末籽醬…1/3 小匙　乾燥羅勒…1/2 小匙
　　醋或白酒醋…1 小匙　沙拉油…1/2 小匙

做法

1 用削皮器削洋蔥。蘆筍用料理剪刀斜剪成 1cm 等分小段。

2 將剪好的小塊甜椒及洋蔥、蘆筍放入烤盤，再淋上材料 A，拌勻後送進烤箱
　加熱約 5 分鐘。

烤箱

料理時間
9 分鐘

微焦的起司香氣最迷人

甜椒起司燒佐芝麻

材料（1 人份）

紅甜椒…1/4 個（約 25g）

沙拉油…1 小匙

A｜柴魚醬油露（2 倍濃縮）、
　　研磨白芝麻、起司粉…各 1 小匙

做法

1 將甜椒剪成一口大小，然後淋上沙拉油。

2 甜椒放到烤盤上，送進烤箱加熱約 6 分鐘。

3 加入材料 A，再送進烤箱加熱約 1 分鐘，然後攪拌均勻。

起司與柴魚醬油露出乎意料對味！

起司拌甜椒

料理時間
5 分鐘

材料（1 人份）

紅甜椒…1/4 個（約 25g）
冷凍毛豆…3 根
起司或奶油乳酪…1 塊（約 15g）
柴魚醬油露（2 倍濃縮）…1 小匙
柴魚片…0.5g

做法

1 毛豆水洗解凍後，取出豆仁。
2 起司剪成 3 至 4 等分小塊，放到耐熱料理碗中淋上柴魚醬油露，再送進微波爐加熱約 1 分鐘。
3 將剪成小塊的甜椒與毛豆仁、做法 2 的起司一起拌勻，微波加熱約 1 分鐘。
4 最後撒上柴魚片。

（烤箱）

培根鹹香與甜椒甜味很合拍

奶油培根烤甜椒

材料（1 人份）

紅甜椒…1/4 個（約 25g）
培根…1/2 條（約 10g）
冷凍玉米粒…1 小匙
奶油（軟管）…6cm
醬油…1/3 小匙

料理時間
8 分鐘

做法

1 培根剪成 0.7cm 小塊。
2 將剪好的小塊甜椒及培根、玉米粒都拌上奶油，然後放到烤盤上，送進烤箱加熱約 5 分鐘。
3 加入醬油拌勻，再送進烤箱加熱約 1 分鐘。

南瓜

適合用微波爐加熱，也可以用烤箱。

微波爐　烤箱

香氣四溢、口感綿密，鹹甜好滋味
起司南瓜燒

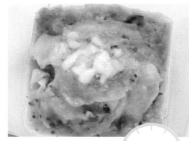

料理時間
6分鐘

材料（1 人份）

A｜冷凍南瓜…1 切片（約 25g）
　｜牛奶…1/2 大匙
　｜奶油（軟管）…6cm
　｜鹽、胡椒粉…各少量

洋蔥…10g　培根…1/2 條（約 10g）　披薩用起司…2 小匙

做法

1 用削皮器削洋蔥，培根用手撕成一口大小。
2 洋蔥及培根放到耐熱料理碗，加入材料 A 拌勻，微波加熱約 1 分鐘。
3 用叉子搗爛做法 2 的南瓜後拌勻，再鋪上烤盤，撒上起司後送進烤箱烤約 3 分鐘。

微波爐　烤箱

咖哩南瓜意外美味！
咖哩南瓜燒

料理時間
9分鐘

材料（1 人份）

冷凍南瓜…2 切片（約 50g）
砂糖…1 小撮
A｜乾燥羅勒…1/3 小匙　大蒜粉…少量
　｜咖哩粉…1/2 小匙　　番茄醬、橄欖油…各 1 小匙

做法

1 將南瓜放到耐熱料理碗中，撒上砂糖，微波加熱約 30 秒。
2 將南瓜剪成一口大小，加入材料 A 後拌勻，送進烤箱加熱約 7 分鐘。

料理時間
9 分鐘

核桃讓南瓜的甜味更上一層！

奶油南瓜燒

材料（1 人份）

冷凍南瓜…2 切片（約 50g）

砂糖…1 小撮

A｜奶油（軟管）…6cm　　　　蜂蜜…1/2 小匙

　　核桃…2 個（約 10g）　　　肉桂粉…依喜好

做法

1 將南瓜放到耐熱料理碗中，撒上砂糖，微波加熱約 30 秒。

2 南瓜剪成一口大小，加入材料 A 後拌勻，送進烤箱加熱約 7 分鐘。

3 核桃手掰成小塊，做法 2 加熱好後放入核桃，再用烤箱加熱約 1 分鐘。

4 裝到容器中，依喜好撒上肉桂粉。

（ 微波爐 ）

香菇的美味，讓菜品搖身變成高級料理

料理時間
5 分鐘

南瓜燉菇菇

材料（1 人份）

冷凍南瓜…2 切片（約 50g）

香菇…1 朵

A｜砂糖…1/2 小匙

　　味醂、醬油、水…各 1 小匙

　　柴魚片…1g

做法

1 用手撕開香菇柄，菇傘剪成 0.5cm 等分小片。

2 將南瓜放到耐熱料理碗中，撒上 1 小撮砂糖（非材料 A 的砂糖），微波加熱約 30 秒。

3 將南瓜剪成一口大小，再把南瓜撥到碗的一邊，空出來的位置放入材料 A 並調勻。

4 醬料調勻後，加入做法 1 的香菇後全部拌勻，再微波加熱約 1 分鐘。

紅蘿蔔

紅蘿蔔可以直接用削皮器削下來用。

醋的風味清爽，芝麻的風味濃郁

芝麻醋拌紅蘿蔔

料理時間
4分鐘

材料（1人份）

紅蘿蔔…10g
冷凍玉米粒…1 大匙（10g）
A｜研磨白芝麻…2 小匙
　｜蒜泥（軟管）…1cm　雞湯粉、砂糖…各少量
　｜醋…1 小匙　　　　　芝麻油…1/2 小匙

做法

1 用削皮器將紅蘿蔔削入耐熱料理碗中，再加入冷凍玉米粒，然後微波加熱約
　1 分鐘。
2 用廚房紙巾吸除多餘水分，加入材料 A 後攪拌均勻。

（微波爐）

奶油香氣是最佳點綴

糖漬紅蘿蔔

料理時間
3分鐘

材料（1人份）

紅蘿蔔…10g
冷凍玉米粒…1 大匙
奶油（軟管）…6cm
顆粒高湯粉、砂糖…各 1/3 小匙
水…1 小匙

做法

• 用削皮器將紅蘿蔔削入耐熱料理碗中，再加入全部材料，送進微波爐加熱約
　1 分 30 秒後完成。

咖哩香氣很加分！

咖哩炒紅蘿蔔竹輪

料理時間
9 分鐘

材料（1 人份）

紅蘿蔔…20g　洋蔥…5g　竹輪…1/2 條

A｜乾燥羅勒、咖哩粉…各 1/3 小匙
　｜大蒜粉、胡椒粉…各少量
　｜橄欖油或沙拉油…1/2 小匙

做法

1 用削皮器削洋蔥，竹輪用剪刀剪成狀。

2 紅蘿蔔也用削皮器削下，然後和洋蔥、竹輪、材料 A 拌勻，再送進烤箱加熱約 7 分鐘，途中不時取出攪拌再加熱。

豆瓣醬的鹹辛香味搭配美乃滋，滑順口感更升級

照燒美乃滋醬拌紅白蘿蔔絲

料理時間
5 分鐘

材料（1 人份）

紅蘿蔔…15g

白蘿蔔乾絲…2 大匙（約 4g）

A｜豆瓣醬…1/3 小匙　美乃滋…1 小匙
　｜醋…1/2 小匙　砂糖…1/4 小匙

水…300ml

做法

1 水洗白蘿蔔乾絲，再剪成 1cm 小段。

2 用削皮器將紅蘿蔔削入耐熱料理碗中，做法 1 的白蘿蔔乾絲也放進料理碗後加水，再微波加熱約 2 分鐘。

3 瀝乾後，用廚房紙巾去除加熱後紅白蘿蔔的多餘水分，再加入材料 A 拌勻。

七彩珠寶盒，菜色組合範例

便當擺盤希望色香味俱全時，紫蘇葉及紫米就很好用。海苔蛋的斷面看得到黃澄澄的蛋黃，也是一個亮點。

便當盒：漆琳堂 x BEAMS JAPAN 聯名特製商品，長方形便當盒。

P.78
海苔蛋

P.159
南蠻漬煎鮭魚

P.211
乾燒牛蒡絲

P.161
奶油馬鈴薯鮭魚起司燒

P.192
咖哩南瓜燒

P.180
青椒拌鹽昆布

口感滑順的鮭魚及馬鈴薯，加上奶油及起司，主
菜分量感十足。南瓜及青椒作為配菜也毫不遜色。
便當盒：倉敷意匠琺瑯便當盒。

P.194
糖漬紅蘿蔔

P.184
起司培根拌菠菜

油脂豐富的鰤魚，搭配濃郁重口的
味噌，像是在吃蓋飯一般的爽快感。
配菜是老少咸宜的菜色，不分男女
老幼一定都會喜歡。
便當盒：TAMA 木工圓形便當盒。

P.170
味噌醋燒鰤魚

用蛋捲做出儀式感

用薄蛋皮捲起來，不論是配菜或主菜，瞬間大加分！
蛋捲料理也很適合拌飯，用平底鍋就可以煎出漂亮薄蛋皮。
蛋皮與餡料可一鍋到底同時製作，可以參閱 P.60。

平底鍋

雞蛋的香甜與炒飯的辛香堪稱絕妙滋味！

蛋包印尼炒飯

材料（1 人份）

冷凍蝦仁…4 尾（已去殼去腸泥）
洋蔥…10g
紅甜椒…25g
沙拉油…1/2 小匙
雞絞肉…60g

白飯…150g
檸檬汁…依喜好

A｜薑泥、蒜泥（軟管）…各 1cm
　｜胡椒粉…少量

B｜豆瓣醬…1/2 小匙
　｜雞湯粉…少量
　｜醋…1 小匙
　｜蠔油、番茄醬…各 1/2 大匙

〈嫩煎薄蛋皮〉

C｜雞蛋…1 顆
　｜牛奶…1 小匙
　｜砂糖…少量

做法（炒飯）

1 用活水洗淨冷凍蝦仁，再用廚房紙巾擦乾。洋蔥用削皮器削下，紅甜椒剪成小塊。
2 用沙拉油熱鍋，雞絞肉下鍋煎約 2 分鐘。
3 材料 A 下鍋，確認絞肉煎熟後，用廚房紙巾吸去鍋內多餘油脂。
4 將蝦仁、洋蔥、紅甜椒下鍋拌炒約 1 分鐘。
5 在平底鍋中挪出空間，材料 B 下鍋，快炒 30 秒。
6 白飯下鍋，將飯與所有食材拌炒均勻約 2 分鐘，關火後淋上檸檬汁。

炒飯
料理時間
10 分鐘

嫩煎薄蛋皮
料理時間
8 分鐘

〈嫩煎薄蛋皮〉做法（參閱 P.60-61）

1 將平底鍋專用鋁箔紙平鋪在直徑 20cm 的平底鍋中，開火加熱。材料 C
打勻後倒進鍋中，搖晃鍋子讓蛋液鋪滿鍋底、均勻受熱，小火加熱約 6
分鐘。

2 發現鍋中蛋液的外圍開始凝固，則關火、蓋上蓋子，悶蒸約 2 分鐘。

〈用蛋捲皮包飯〉做法（參閱 P.63）

1 先將薄蛋皮從鋁箔紙取下，然後將鋁箔紙鋪在便當盒中後放上蛋皮，再把
飯放在蛋皮上，沿著便當盒的形狀用蛋皮把飯包起來。

2 將便當盒反過來，一手托著鋁箔紙，一手輕輕移動便當盒，將便當盒拿起
來。鋁箔紙包裡面就是捲好的蛋包飯，最後用湯匙直徑塑形即可。

用蛋捲做出儀式感

用薄蛋皮捲起來，不論是配菜或主菜，瞬間大加分！
蛋捲料理也很適合拌飯，用平底鍋就可以煎出漂亮薄蛋皮。
蛋皮與餡料可一鍋到底同時製作，可以參閱 P.60。

(微波爐)　(平底鍋)

豬肉與高麗菜口感，醬汁濃郁夠味

豚平燒

材料（1 人份）

高麗菜…1 片（約 35g）

豬肉絲…70g

太白粉、酒…各 1 小匙

胡椒粉…少量

沙拉油…1/2 小匙

鹽…少量

A｜中濃醬、番茄醬…各 1/2 大匙
　｜蜂蜜…1/2 小匙

海苔粉、柴魚片、美乃滋…依喜好

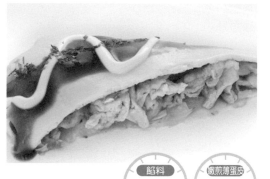

餡料
料理時間
8 分鐘

嫩煎薄蛋皮
料理時間
8 分鐘

〈 嫩煎薄蛋皮 〉

雞蛋…1 顆

牛奶…1 小匙

砂糖…少量

做法

1 高麗菜葉撕成小片，粗梗斜剪成細絲，放到耐熱料理碗中，微波
　加熱約 1 分鐘，然後用廚房紙巾吸除多餘水分。

2 豬肉絲加酒、胡椒粉後拌勻，再加入太白粉拌勻。

3 用沙拉油熱鍋，做法 2 的豬肉絲下鍋煎約 1 分 30 秒。

4 高麗菜下鍋、加鹽，一起拌炒。

5 材料 A 倒入耐熱料理碗，拌勻後微波加熱約 30 秒，完成醬汁。

6 將炒好的高麗菜及豬肉絲用薄蛋皮包起來（參閱 P.198 蛋包印尼
　炒飯的包法），海苔粉、柴魚片、美乃滋可隨意加入。

口味偏甜的肉醬，大人小孩都喜歡！

簡易波隆那肉醬蛋捲

肉醬
料理時間
10 分鐘

嫩煎薄蛋皮
料理時間
8 分鐘

材料（1 人份）

紅蘿蔔…5g

洋蔥…20g

沙拉油…1/2 小匙

牛豬混合絞肉…90g

A 鹽、胡椒粉…各少量
　蒜泥（軟管）…1cm
　肉豆蔻…依喜好

迷你小番茄…2 顆

B 中濃醬、番茄醬…各 1/2 小匙

起司粉…依喜好

〈嫩煎薄蛋皮〉

雞蛋…1 顆

牛奶…1 小匙

砂糖…少量

做法

1 紅蘿蔔及洋蔥都用削皮器削下。

2 沙拉油熱鍋，絞肉下鍋鋪平，煎約 2 分鐘。

3 加入材料 A，炒熱。

4 確定絞肉的熟度，用廚房紙巾去除鍋內多餘油脂。將紅蘿蔔、洋蔥、迷你小番茄下鍋，一邊將小番茄壓成泥一邊拌炒。

5 加入材料 B，繼續拌炒 2 分鐘，起鍋前隨意撒上起司粉。

6 將肉醬用薄蛋皮包起來（參閱 P.198 蛋包印尼炒飯的包法）。

用蛋皮豪邁包起濃郁重口的味噌飯

蛋包絞肉味噌飯

材料（1 人份）

長蔥…3cm
沙拉油…1/2 小匙
豆瓣醬、砂糖…各 1/2 小匙
豬絞肉…80g
A │ 味噌、醬油…各 1/2 小匙
　 │ 蠔油…1/4 小匙
白飯…120g
味醂…1 小匙
紅辣椒絲…依喜好

〈 嫩煎薄蛋皮 〉
雞蛋…1 顆
牛奶…1 小匙
砂糖…少量

餡料
料理時間
10 分鐘

嫩煎薄蛋皮
料理時間
8 分鐘

做法

1 長蔥拿直，用剪刀在蔥白底部剪一個十字開口，再橫拿，剪碎蔥白。

2 沙拉油熱鍋，長蔥與豆瓣醬下鍋炒香。

3 絞肉下鍋鋪平，煎約 2 分鐘。

4 用廚房紙巾吸走鍋內多餘油脂，加入砂糖，拌炒約 1 分鐘。

5 平底鍋挪出空間，材料 A 下鍋先稍微炒煮，再整鍋一起拌炒約 2 分鐘。

6 味醂與白飯接連下鍋，整鍋全部一起拌炒約 1 分鐘。

7 用薄蛋皮包起味噌飯（參閱 P.198 蛋包印尼炒飯的包法）。紅辣椒絲可隨意
　 添加。

一蛋5吃

蛋料理最適合加入大量蔬菜或乾貨！
善用微波爐及烤箱，就可以利用做主菜的空檔完成配菜。

（微波爐）

香料的香氣與飽滿的口感！繽紛蔬菜的美味烘蛋

西班牙烘蛋

料理時間
5分鐘

材料（1人份）

洋蔥…5g
迷你小番茄…1 顆
蘆筍…1 根（約 15g）
蘑菇…2 朵（約 30g）
奶油（軟管）…6cm
蛋液…1 顆
A｜ 起司粉…1 小匙
　｜ 鹽…少量
　｜ 乾燥羅勒…1/3 小匙

做法

1 用削皮器削洋蔥。迷你小番茄剪十字開口，蘆筍斜剪成 3cm 小段，蘑菇柄
用手掰下來，菇傘撕成 1cm 小塊。

2 做法 **1** 的材料與奶油全部放到耐熱料理碗中，微波加熱約 1 分鐘。

3 蛋液及材料 A 加到做法 **2** 的料理碗中，拌勻後微波加熱約 1 分 30 秒。

充滿香菇的香氣及口感，中華風烘蛋

小松菜香菇蛋

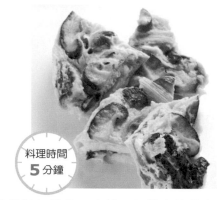

材料（1 人份）

小松菜…1 把（約 40g）

香菇…1 朵　蛋液…1 顆

A｜雞湯粉…少量　芝麻油…1/2 小匙
　｜蒜泥（軟管）…1cm

料理時間
5 分鐘

做法

1 小松菜剪成 2 等分，放到耐熱料理碗中微波加熱約 1 分鐘。加熱完後將小
　松菜過一下冷水，將水分擦乾後剪成 2cm 小段。

2 掰下香菇柄，菇傘剪成 0.5cm 小片。

3 將小松菜、香菇及蛋液、材料 A 都放進耐熱料理碗中攪拌均勻，微波加熱
　約 1 分 30 秒。

滿滿鴨兒芹及櫻花蝦，讓配菜的蛋料理質感升級

鴨兒芹香菇蛋

料理時間
3 分鐘

材料（1 人份）

鴨兒芹…7 根（約 4g）

香菇…1 朵　蛋液…1 顆

A｜乾燥櫻花蝦…1 小匙（1g）
　｜白高湯…1/3 小匙　芝麻油…1/2 小匙

做法

1 鴨兒芹剪成 5cm 小段，掰開香菇柄，菇傘剪成 0.5cm 小片。

2 將做法 1 及蛋液加到耐熱料理碗中，再加入材料 A，微波加熱約 1 分鐘。

善用微波爐及烤箱，做出簡易法式鹹派

簡易法式鹹派

材料（1 人份）

冷凍菠菜⋯15g

A ｜ 蛋液⋯1 顆
｜ 披薩用起司⋯少量
｜ 奶油（軟管）⋯6cm
｜ 起司粉⋯1 小匙

料理時間
10 分鐘

做法

1 將冷凍菠菜放到耐熱料理碗中，微波加熱約 30 秒。

2 加入材料 A，與菠菜充分攪拌均勻。將烘焙紙鋪在烤盤上（烘焙紙不要超出烤盤），再將餡料蛋液均勻倒入（不要漏出烤盤外），送進烤箱約 7 分鐘。

烤箱

有羅勒就加分，超簡單蛋料理

烤荷包蛋

料理時間
10 分鐘

材料（1 人份）

雞蛋⋯1 顆
乾燥羅勒、鹽⋯各少量
沙拉油⋯1/3 小匙

做法

1 在鋁箔碗內側刷上沙拉油，蛋打進去，撒上羅勒及鹽，蛋白用剪刀戳 6 個口，蛋黃戳 3 個口，避免爆裂噴濺。
　※ 鋁箔碗要用杯緣矮一點、底部平坦較寬的（扁平一點）。

2 送進烤箱加熱約 9 分鐘。

蒟蒻

整塊包裝的蒟蒻塊,可以撕成一口大小,或是剪成小塊。
蒟蒻絲的話,可以用料理剪刀剪成 5cm 小段。

微波爐

蠔油與檸檬汁交織出民族風味

民族風蒟蒻絲沙拉

料理時間
6 分鐘

材料（1 人份）

蒟蒻絲（已去腥）…50g　洋蔥…10g
小黃瓜…10g　酒…1 小匙
冷凍蝦仁…3 尾（約 25g,已去殼去腸泥）
A｜蠔油…1/4 小匙　蒜泥（軟管）…0.5cm　醬油…1/2 小匙
B｜檸檬汁、芝麻油…各 1/2 小匙

做法

1 用削皮器削洋蔥及小黃瓜。
2 剪好的蒟蒻絲、洋蔥、小黃瓜與蝦仁一起放進耐熱料理碗中,撒上酒,微波
　加熱約 1 分 30 秒。加熱完畢後用濾水籃濾掉酒水,倒回料理碗中,再用廚
　房紙巾擦乾水分。
3 加入材料 A,拌勻後微波加熱約 1 分鐘。
4 加入材料 B,整體攪拌均勻。

料理時間
9 分鐘

微波爐　烤箱

海苔粉的香氣伴隨微微辛辣的口感

蒟蒻海苔燒

材料（1 人份）

蒟蒻塊（已去腥）…60g　酒…1 小匙
A｜橄欖油…1 小匙　大蒜粉、辣椒、海苔粉、鹽…各少量　醬油…1/2 小匙

做法

1 剪成小塊的蒟蒻塊放進耐熱料理碗中,撒上酒,微波加熱約 1 分鐘。
2 用廚房紙巾去除碗中多餘的水分,加入材料 A 拌勻,再送進烤箱加熱約 5
　分鐘。
3 加醬油,整體攪拌均勻,再送進烤箱加熱約 2 分鐘。

和風食材做出簡單懷念的家味道

味噌煮風味蒟蒻

材料（1 人份）

蒟蒻塊（已去腥）…60g

白蘿蔔乾絲…1 大匙（約 2g）

水…300ml

A｜味噌、砂糖…各 1/2 小匙　薑泥（軟管）…1cm
　｜七味粉…少量　酒…1 小匙

料理時間
9 分鐘

做法

1 將白蘿蔔乾絲刀剪成 1cm 小段。

2 白蘿蔔乾絲與蒟蒻塊、水一起倒進耐熱料理碗中，微波加熱約 2 分鐘。

3 用濾水籃濾掉水分，再用廚房紙巾擦乾，白蘿蔔絲與蒟蒻塊倒回料理碗中，
　加入材料 A 拌勻，微波加熱約 2 分鐘。

4 整體食材徹底攪拌均勻，再微波加熱約 1 分鐘。

料理時間
4 分鐘

白芝麻香讓這道配菜嘗來既滿足又健康

棒棒雞風味蒟蒻絲

材料（1 人份）

蒟蒻絲（已去腥）…40g

小黃瓜…10g　酒…1 小匙

A｜梅肉醬、薑泥（軟管）…各 1cm
　｜研磨白芝麻…1 小匙　醬油、芝麻油…各 1/2 小匙

做法

1 用削皮器削小黃瓜。

2 蒟蒻絲剪成小段放入耐熱料理碗，加酒、小黃瓜，微波加熱約 2 分鐘。

3 用濾水籃濾掉水分，倒回料理碗中，再用廚房紙巾去除水氣，加入材料 A
　後整體攪拌均勻。

海帶芽、羊栖菜

事前處理：將海帶芽或羊栖菜倒進耐熱料理碗中後加水，
水量要淹過食材高度，然後微波加熱約 3 分鐘。
加熱完畢後用濾水籃濾掉水分，再用廚房紙巾擦乾。

微波爐

和風食材搭配千島醬，迸出新滋味！

千島醬海帶芽白蘿蔔絲沙拉

材料（1 人份）

乾燥海帶芽⋯1g
白蘿蔔乾絲⋯2 大匙（約 4g）
水⋯300ml

A｜蒜泥（軟管）⋯1cm　檸檬汁⋯1/3 小匙
　｜番茄醬、美乃滋⋯各 1 小匙　砂糖⋯少量

料理時間 5 分鐘

做法

1 將白蘿蔔乾絲剪成 1cm 等分。
2 將白蘿蔔乾絲、海帶芽、水都倒入耐熱料理碗中，微波加熱約 3 分鐘。
3 用濾水籃濾掉水分，再用廚房紙巾擦乾，加入材料 A 攪拌均勻。

微波爐

基本款中的基本款，只要有微波爐就能做

燙羊栖菜

材料（1 人份）

乾燥羊栖菜⋯2 小匙　紅蘿蔔⋯10g
冷凍毛豆⋯3 根　水⋯300ml

A｜乾香菇切片⋯2 切片
　｜醬油、味醂⋯各 1 小匙　砂糖⋯1/2 小匙

料理時間 6 分鐘

做法

1 用削皮器削紅蘿蔔，冷凍毛豆用活水洗淨兼解凍，從豆莢中取出毛豆仁。
2 羊栖菜、紅蘿蔔、毛豆倒入耐熱料理碗中，加水後微波加熱約 3 分鐘。
3 加熱完畢後用濾水籃濾掉水分，過活水洗一下，再用廚房紙巾擦乾。
4 將食材全裝回耐熱料理碗中，加入材料 A 並拌勻，再微波約 1 分鐘。

疲勞時候吃一道酸爽辛香的沙拉

莎莎醬風味羊栖菜

料理時間
7分鐘

材料（1人份）

乾燥羊栖菜、大麥片…各 1 小匙
洋蔥…20g　水…300ml
A│辣椒粉、砂糖…各少量　蒜泥（軟管）…0.5cm
　│檸檬汁…1/3 匙　醋…1 小匙　橄欖油…1/2 小匙

做法

1 用削皮器削洋蔥。
2 將羊栖菜、大麥片、水倒入耐熱料理碗中，微波加熱約 3 分鐘。
3 用濾水籃濾掉水分，活水洗一洗再用廚房紙巾擦乾，然後加入洋蔥，再微波加熱約 1 分鐘。
4 用廚房紙巾去除水氣，加入材料 A 攪拌均勻。

微波爐

羊栖菜的口感非常涮嘴，和風馬鈴薯沙拉

紅紫蘇馬鈴薯沙拉

材料（1人份）

乾燥羊栖菜…1 小匙（約 1g）
馬鈴薯…1 小顆（約 50g）
紫蘇葉…2 片　水…300ml
A│紅紫蘇香鬆…1/2 小匙　美乃滋、醋…各 1 小匙

料理時間
7分鐘

做法

1 將羊栖菜與水倒入耐熱料理碗中，微波加熱約 3 分鐘。加熱完後用濾水籃濾掉水分，過活水洗一下，再將羊栖菜擦乾。
2 用廚房紙巾把馬鈴薯包起來，撒一點水後放進耐熱料理碗中，微波加熱約 3 分鐘。
3 用叉子將馬鈴薯搗成泥，趁還有熱度時，將羊栖菜及材料 A 加進去並拌勻，最後將紫蘇葉撕碎後撒入。

牛蒡

冷凍牛蒡可以用微波爐和烤箱加熱。

（微波爐）

不論和風便當或西式便當都百搭！

牛蒡沙拉

材料（1 人份）

冷凍牛蒡…30g　冷凍毛豆…3 根
冷凍玉米粒…1 大匙（約 10g）

A｜ 研磨白芝麻…1 小匙　　　美乃滋…1/2 大匙
　｜ 柴魚醬油露（2 倍濃縮）…1/2 小匙　辣椒粉、砂糖…各少量

料理時間
3 分鐘

做法

1 冷凍毛豆用活水洗淨兼解凍，從豆莢中取出毛豆仁。
2 冷凍毛豆仁、冷凍牛蒡、冷凍玉米粒一起放進耐熱料理碗中，微波加熱約 1
　 分 30 秒。
3 用廚房紙巾去除多餘的水氣，加入材料 A 並攪拌均勻。

（烤箱）

料理時間
9 分鐘

牛蒡的清香與奶油的香甜意外合拍！

奶油牛蒡絲

材料（1 人份）

冷凍牛蒡…30g
奶油（軟管）…6cm

A｜ 柚子胡椒（軟管）…1cm
　｜ 醬油…1/3 小匙

做法

1 冷凍牛蒡與奶油拌勻後，烤箱加熱 6 分鐘。
2 加入材料 A 並拌勻，再送進烤箱加熱 1 分鐘。

總覺得還差一道時，這道就是好選擇

紅紫蘇風味牛蒡絲

料理時間
3 分鐘

材料（1 人份）

冷凍牛蒡…30g

A｜紅紫蘇香鬆…1/3 小匙
　｜醋…1 小匙
　｜砂糖…少量

做法

1 將冷凍牛蒡倒入耐熱料理碗中，微波加熱約 1 分鐘。
2 用廚房紙巾去除多餘的水氣，加入材料 A 並拌勻。

烤箱

愛吃辣的千萬別錯過

乾燒牛蒡絲

料理時間
9 分鐘

材料（1 人份）

冷凍牛蒡…35g
沙拉油…1/3 小匙

A｜豆瓣醬…1/3 小匙
　｜美乃滋…1/2 小匙
　｜薑泥（軟管）…1cm

做法

1 將冷凍牛蒡放到烤盤上，淋上沙拉油並拌勻，烤箱加熱 6 分鐘。
1 加入材料 A 並拌勻，再烤箱加熱 1 分鐘。

馬鈴薯

使用直徑 6cm 左右的小顆馬鈴薯。用廚房紙巾整顆包起來、沾溼後微波加熱。加熱完再剪成小塊，或用叉子搗成泥。

〔微波爐〕　〔烤箱〕

馬鈴薯與玉米粒就是最佳拍檔，美乃滋起司大加分

美乃滋馬鈴薯玉米

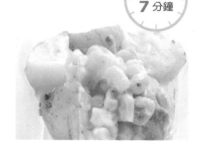

料理時間
7 分鐘

材料（1 人份）

馬鈴薯…1 小顆（約 50g）
冷凍玉米粒…1 大匙（約 10g）
A｜鹽…少量　美乃滋…1 小匙
披薩用起司…1 小匙

做法

1 馬鈴薯用廚房紙巾包起來，沾溼後放到耐熱料理碗中，微波約 2 分鐘。
2 冷凍玉米粒倒入碗中，再微波加熱約 1 分鐘。
3 做法 2 結束後，將馬鈴薯剪成小塊，再跟玉米粒一起移到烤盤上。
4 加入材料 A 並拌勻，撒上起司後送進烤箱加熱約 3 分鐘。

〔微波爐〕　〔烤箱〕

料理時間
9 分鐘

簡單調味卻很耐吃的經典馬鈴薯料理

鹽味馬鈴薯

材料（1 人份）

馬鈴薯…1 小顆（約 50g）
A｜香草鹽…1/3 小匙（普通鹽少量也可）
｜橄欖油…1 小匙

做法

1 用廚房紙巾將馬鈴薯包起來，沾溼後放到耐熱料理碗，微波約 2 分鐘。
2 加熱完後將馬鈴薯剪成小塊，再移到烤盤上。
3 材料 A 均勻加在馬鈴薯上，送進烤箱加熱約 4 分鐘。

濃郁重口味，一吃就上癮

德式煎馬鈴薯

材料（1 人份）

馬鈴薯…1 小顆（約 50g）

培根…1/2 條（約 10g）

A | 乾燥羅勒…1/2 小匙
　 | 咖哩粉…1/4 小匙
　 | 番茄醬、美乃滋…各 1 小匙

料理時間
9 分鐘

做法

1 用廚房紙巾將馬鈴薯包起來，沾溼後放到耐熱料理碗，微波約 2 分鐘。

2 加熱完後將馬鈴薯剪成小塊，再移到烤盤上。

3 培根用手撕成小片，跟材料 A 一起加到馬鈴薯上並拌勻，然後送進烤箱加熱約 5 分鐘。

蟹肉棒跟馬鈴薯也很對味喔

蟹肉棒馬鈴薯沙拉

材料（1 人份）

馬鈴薯…1 小顆（約 50g）

蟹肉棒…2 條（約 20g）

A | 美乃滋…2 小匙　砂糖…少量

料理時間
5 分鐘

做法

1 用廚房紙巾包起整顆馬鈴薯，沾溼後放到耐熱料理碗，微波約 3 分鐘。

2 加熱完後用叉子將馬鈴薯搗成泥，用手撕散蟹肉棒，跟材料 A 一起加到馬鈴薯泥中拌勻。

七彩珠寶盒，菜色組合範例

主菜是豚平燒這種形狀的料理時，配菜選擇牛蒡絲這種細長狀的食材，會比較容易擺盤！輕輕鬆鬆就能漂亮的裝進便當盒，省下煩惱的時間！
便當盒：日本 Seria。

P.210
奶油牛蒡絲

P.188
柚香高麗菜

P.200
豚平燒

P.185
菠菜拌鮪魚鹽昆布

深受男性及小孩喜愛的燒肉便當。
牛肉片當主菜看起來分量十足，海
帶芽及白蘿蔔乾絲成了蔬菜代表，
兼顧營養與健康的一餐。
便當盒：TAMA 木工木製便當盒。

P.208
千島醬海帶芽白蘿蔔絲沙拉

P.144
簡易版燒肉

P.173
咖哩醬燒旗魚

P.212
美乃滋馬鈴薯玉米

主菜是咖哩風味，配菜蒟蒻絲沙拉則是泰式風味，再加
上王道便當菜美乃滋玉米粒，這樣的便當絕對人見人愛。
便當盒：日本岩崎工業 NEOISM 午餐盒 3 號。

P.206
民族風蒟蒻絲沙拉

後記
時短料理，更能嘗到食材的鮮美

非常感謝你購買本書。

本書主旨是「用 10 分鐘做出一個便當」。事實上，我以前做的都是很費工費時的超講究便當。例如，利用週一早晨一口氣做 6 道菜，然後從隔天開始就用這 6 道菜做排列組合。曾經我也是「一次完成一週便當」的人！一口氣先做好全部的菜，再來就只要裝進便當盒，應該很輕鬆吧？我也曾這麼想。

後來，有觀眾告訴我：「希望能教大家簡單就能完成的料理。」一開始我還想：「短時間就能做出來的料理到底是什麼味道？」實際挑戰了以後，發現這種時短料理也相當好吃。與其一口氣先做好一堆會隨著日子降低新鮮度與美味度的菜，還不如做短時間就能搞定的簡易料理，更能品嘗到新鮮與美味。

只要妥善使用各種烹飪道具及調味料，不需要特殊技巧或技術，也能在短時間內完成一道菜色。之前，我從來沒有考慮過如何讓步驟更簡單省力，而開始挑戰 10 分鐘便當後，真的是讓我也上了一課。

我想，願意花時間下廚的人，肯定能夠做出色香味俱全的完美便當。但也不是所有人都要做出驚豔全場的華麗便當，畢竟每個人

擁有的空間、擅長與不擅長、所需花費的時間都大不相同。在能力
所及內盡己所能，願意親自下廚、關心自己所吃的食材、配合自己
的飲食習慣來做菜，我覺得這是非常重要的事情。

　　希望本書能為各位帶來靈感與幫助，培養大家親自下廚的習慣，
這將是我無上的喜悅與榮幸。

國家圖書館出版品預行編目（CIP）資料

不需要菜刀和切菜板的一個人美食／
只要剪刀、削皮器加上動手撕，10 分
鐘做出蛋白質、蔬菜兼具的便當，
擺盤美到你讓相機先吃。Akarispmt's
Kitchen 著；黃怡菁譯 . -- 初版 . -- 臺
北市：任性出版有限公司 , 2022.02
224 面；17×23 公分 . --（issue；34）
ISBN 978-986-06620-9-2（平裝）

1. 食譜　　2. 烹飪

427.131　　　　　　　　110018128

issue 034

不需要菜刀和切菜板的一個人美食

只要剪刀、削皮器加上動手撕，10 分鐘做出蛋白質、蔬菜兼具的便當，
擺盤美到你讓相機先吃。

作　　者	Akarispmt's Kitchen
譯　　者	黃怡菁
責任編輯	林盈廷
校對編輯	江育瑄
美術編輯	林彥君
副 主 編	馬祥芬
副總編輯	顏惠君
總 編 輯	吳依瑋
發 行 人	徐仲秋
會計助理	李秀娟
會　　計	許鳳雪
版權專員	劉宗德
版權經理	郝麗珍
行銷企劃	徐千晴
業務助理	李秀蕙
業務專員	馬絮盈、留婉茹
業務經理	林裕安
總 經 理	陳絜吾

出 版 者／任性出版有限公司
營運統籌／大是文化有限公司
　　　　　臺北市 100 衡陽路 7 號 8 樓
　　　　　編輯部電話：（02）23757911
　　　　　購書相關資訊請洽：（02）23757911 分機 122
　　　　　24 小時讀者服務傳真：（02）23756999
　　　　　讀者服務 E-mail：haom@ms28.hinet.net
郵政劃撥帳號／19983366　戶名／大是文化有限公司
法律顧問／永然聯合法律事務所
香港發行／豐達出版發行有限公司 "Rich Publishing & Distribut Ltd"
　　　　　地址：香港柴灣永泰道 70 號柴灣工業城第 2 期 1805 室
　　　　　Unit 1805, Ph. 2, Chai Wan Ind City, 70 Wing Tai Rd, Chai Wan, Hong Kong
　　　　　電話：2172　6513　　傳真：2172　4355
　　　　　E-mail：cary@subseasy.com.hk

封面設計／陳槁
內頁排版／林雯瑛
印　　刷／緯峰印刷股份有限公司
出版日期／2022 年 2 月初版
定　　價／399 元（缺頁或裝訂錯誤的書，請寄回更換）
I S B N／978-986-06620-9-2
電子版 ISBN／9789860662085（PDF）　　　　　Printed in Taiwan
　　　　　　　9786269534906（EPUB）